毒物劇物安全性研究会編

毒物劇物取扱者試験問題集 〔関西広域連合・奈良県版〕 過去問 《解答・解説付》

令和3 (2021) 年度版

薬務公報社

序

　毒物及び劇物取締法は、日常流通している有用な化学物質のうち、毒性の著しいものについて、化学物質そのものの毒性に応じて毒物又は劇物に指定し、製造業、輸入業、販売業について登録にかからしめ、毒物劇物取扱責任者を置いて管理させるとともに、保健衛生上の見地から所要の規制を行っています。

　毒物劇物取扱責任者は、毒物劇物の製造業、輸入業、販売業及び届け出の必要な業務上取扱者において設置が義務づけられており、現場の実務責任者として十分な知識を有し保健衛生上の危害の防止のために必要な管理業務に当たることが期待されています。

　毒物劇物取扱者試験は、毒物劇物取扱責任者の資格要件の一つとして、各都道府県の知事が概ね一年に一度実施するものであります。

　本書は、令和元年度から令和2年度までの関西広域連合〔滋賀県、京都府、大阪府、和歌山県、兵庫県、徳島県〕及び奈良県で実施された試験問題を、試験の種別に編集し、解答・解説を付けたものであります。

　特に本書の特色は法規・基礎化学・性状及び取扱・実地の項目に分けて問題と解答・解説を対応させて収録し、より使い易く、分かり易い編集しました。

　毒物劇物取扱者試験の受験者は、本書をもとに勉学に励み、毒物劇物に関する知識を一層深めて試験に臨み、合格されるとともに、毒物劇物に関する危害の防止についてその知識をいかんなく発揮され、ひいては、化学物質の安全の確保と産業の発展に貢献されることを願っています。

　なお、本書における問題の出典先は、〔滋賀県、京都府、大阪府、和歌山県、兵庫県、徳島県〕・奈良県。また、解答・解説については、この書籍を発行するに当たった編著により作成しております。従いまして、本書における不明な点等がある場合は、弊社へ直接メールでお問い合わせいただきますようお願い申し上げます。（お電話でのお問い合わせは、ご容赦いただきますようお願い申し上げます。）

　最後にこの場をかりて試験問題の情報提供等にご協力いただいた関西広域連合〔滋賀県、京都府、大阪府、和歌山県、兵庫県、徳島県〕・奈良県の担当の方へ深く謝意を申し上げます。

2021年5月

目　　次

〔問題編〕　　　　　　　　　　　　〔解答編〕

〔筆記・法規編〕　　　　　　　　〔解答・解説編〕

令和元年度実施〔筆記〕
　〔滋賀県、京都府、大阪府、和歌山県、
　兵庫県、徳島県〕……………… 1 ………………………………………65
令和2年度実施〔筆記〕
　〔滋賀県、京都府、大阪府、和歌山県、
　兵庫県、徳島県〕……………… 6 ………………………………………68
令和元年度実施〔筆記〕
　〔奈良県〕………………………11 ………………………………………70
令和2年度実施〔筆記〕
　〔奈良県〕………………………16 ………………………………………73

〔筆記・基礎化学編〕　　　　　　〔解答・解説編〕

令和元年度実施〔筆記〕
　〔滋賀県、京都府、大阪府、和歌山県、
　兵庫県、徳島県〕………………20 ………………………………………75
令和2年度実施〔筆記〕
　〔滋賀県、京都府、大阪府、和歌山県、
　兵庫県、徳島県〕………………23 ………………………………………77
令和元年度実施〔筆記〕
　〔奈良県〕………………………27 ………………………………………79
令和2年度実施〔筆記〕
　〔奈良県〕………………………30 ………………………………………81

〔実地編〕　　　　　　　　　　　〔解答・解説編〕

〔毒物及び劇物の性質及び貯蔵その他取扱方法、識別編〕

令和元年度実施〔実地〕
　〔滋賀県、京都府、大阪府、和歌山県、
　兵庫県、徳島県〕………………33 ………………………………………85
令和2年度実施〔実地〕
　〔滋賀県、京都府、大阪府、和歌山県、
　兵庫県、徳島県〕………………43 ………………………………………91

〔取扱・実地編〕

令和元年度実施〔実地〕
　〔奈良県〕………………………55 ………………………………………96
令和2年度実施〔実地〕
　〔奈良県〕………………………61 ………………………………………100

筆 記 編
〔法規、基礎化学〕

〔法規編〕
関西広域連合統一共通〔滋賀県、京都府、大阪府、和歌山県、兵庫県、徳島県〕

【令和元年度実施】

（一般・農業用品目・特定品目共通）

問1　次の記述は法の条文の一部である。（　）の中に入れるべき字句の正しい組合せを下表から一つ選べ。

法第1条（目的）
　この法律は、毒物及び劇物について、保健衛生上の見地から必要な（　a　）を行うことを目的とする。

法第2条（定義）
　この法律で「毒物」とは、別表第一に掲げる物であつて、医薬品及び（　b　）以外のものをいう。

	a	b
1	措置	危険物
2	規制	医薬部外品
3	規制	食品添加物
4	取締	医薬部外品
5	取締	危険物

問2　次の記述は法第3条の2第9項の条文である。（　）の中に入れるべき字句の正しい組合せを下表から一つ選べ。

　毒物劇物営業者又は特定毒物研究者は、保健衛生上の危害を防止するため政令で特定毒物について（　a　）、（　b　）又は（　c　）の基準が定められたときは、当該特定毒物については、その基準に適合するものでなければ、これを特定毒物使用者に譲り渡してはならない。

	a	b	c
1	品質	着色	廃棄
2	品質	着色	表示
3	品質	応急措置	使用
4	安全	応急措置	表示
5	安全	着色	廃棄

問3　次の製剤のうち、毒物に該当するものの正しい組合せを1〜5から一つ選べ。

a　セレン化水素を含有する製剤
b　塩化第一水銀を含有する製剤
c　塩化水素を含有する製剤
d　弗化水素を含有する製剤

1（a、b）　2（a、c）　3（a、d）　4（b、d）　5（c、d）

問4 施行令第32条の2に規定されている興奮、幻覚又は麻酔の作用を有するものについて、正しい組合せを1〜5から一つ選べ。

  a トルエン   b 酢酸エチル
  c メタノール   d 酢酸エチルを含有する接着剤

  1（a、b）   2（a、c）   3（a、d）   4（b、c）   5（b、d）

問5 毒物又は劇物の営業の登録に関する記述の正誤について、正しい組合せを下表から一つ選べ。

  a 毒物又は劇物の製剤の製造業の登録は、都道府県知事が行う。
  b 毒物又は劇物の販売業の登録を受けようとする者は、本社の所在地の都道府県知事に申請書を出さなければならない。
  c 毒物又は劇物の輸入業の登録は、6年ごとに、更新を受けなければ、その効力を失う。

	a	b	c
1	正	正	正
2	正	誤	誤
3	誤	誤	正
4	誤	誤	誤
5	誤	正	誤

問6 毒物劇物販売業の販売品目に関する記述の正誤について、正しい組合せを下表から一つ選べ。

  a 一般販売業の登録を受けた者は、特定毒物を販売することはできない。
  b 農業用品目販売業の登録を受けた者は、農業上必要な毒物又は劇物のすべてを販売することができる。
  c 特定品目販売業の登録を受けた者は、厚生労働省令で定める毒物又は劇物以外の毒物又は劇物を販売してはならない。

	a	b	c
1	正	正	正
2	正	正	誤
3	正	誤	正
4	誤	誤	正
5	誤	正	誤

問7 毒物又は劇物の製造所の設備基準に関する記述の正誤について、正しい組合せを下表から一つ選べ。

  a 毒物又は劇物を陳列する場所にかぎをかける設備があること。
  b 毒物又は劇物の運搬用具は、毒物又は劇物が飛散し、漏れ、又はしみ出るおそれがないものであること。
  c 毒物又は劇物の貯蔵設備は、毒物又は劇物とその他の物とを区分して貯蔵できるものであること。

	a	b	c
1	正	正	正
2	正	正	誤
3	正	誤	正
4	誤	誤	正
5	誤	正	誤

問8 毒物劇物販売業者は、当該店舗に設置している毒物劇物取扱責任者を変更したとき、いつまでにその毒物劇物取扱責任者の氏名を届け出なければならないか。正しいものを1〜5から一つ選べ。

  1 5日以内   2 7日以内   3 10日以内   4 15日以内   5 30日以内

問9 次のうち、施行令第32条の3で規定されている、発火性又は爆発性のある劇物に該当するものはいくつあるか、正しいものを1〜5から一つ選べ。

  a 亜塩素酸ナトリウム30％を含有する製剤
  b 塩素酸塩類30％を含有する製剤
  c ナトリウム
  d クロルピクリン

  1 1つ   2 2つ   3 3つ   4 4つ   5 なし

問 10　毒物劇物営業者が、モノフルオール酢酸アミドを含有する製剤を特定毒物使用者に譲渡する場合、何色に着色されていなければならないか。正しいものを 1 ～5 から一つ選べ。

1　黒色　　2　青色　　3　黄色　　4　赤色　　5　暗緑色

問 11　次の記述は法第 11 条第 4 項及び施行規則第 11 条の 4 の条文である。（　　）の中に入れるべき字句の正しい組合せを下表から一つ選べ。

法第 11 条第 4 項
　毒物劇物営業者及び特定毒物研究者は、毒物又は厚生労働省令で定める劇物については、その容器として、（ a ）を使用してはならない。

施行規則第 11 条の 4
　法第 11 条第 4 項に規定する劇物は、（ b ）とする。

	a	b
1	密閉できない物	すべての劇物
2	危険物の容器として通常使用される物	すべての劇物
3	飲食物の容器として通常使用される物	すべての劇物
4	密閉できない物	液体状の劇物
5	飲食物の容器として通常使用される物	液体状の劇物

問 12　毒物劇物営業者が毒物又は劇物である有機燐化合物を販売するときに、その容器及び被包に表示しなければならない解毒剤として、正しい組合せを 1 ～5 から一つ選べ。

a　2－ピリジルアルドキシムメチオダイド（別名 PAM）の製剤
b　ジメチル－2・2－ジクロルビニルホスフエイト（別名 DDVP）の製剤
c　硫酸アトロピンの製剤
d　アセチルコリンの製剤

1（a、b）　　2（a、c）　　3（a、d）　　4（b、d）　　5（c、d）

問 13　毒物劇物営業者が行う毒物又は劇物の表示に関する記述の正誤について、正しい組合せを下表から一つ選べ。

a　毒物の容器及び被包に、「医薬用外」の文字を表示しなければならない。
b　毒物の容器及び被包に、黒地に白色をもって「毒物」の文字を表示しなければならない。
c　劇物の容器及び被包に、白地に赤色をもって「劇物」の文字を表示しなければならない。
d　特定毒物の容器及び被包に、白地に黒色をもって「特定毒物」の文字を表示しなければならない。

	a	b	c	d
1	正	正	正	正
2	誤	正	誤	誤
3	正	正	誤	誤
4	正	誤	正	誤
5	正	誤	正	正

問 14　毒物劇物営業者が、毒物又は劇物の容器及び被包に表示しなければ販売又は授与できない事項の正誤について、正しい組合せを下表から一つ選べ。

a　毒物又は劇物の名称
b　毒物又は劇物の成分及びその含量
c　毒物又は劇物の使用期限
d　毒物又は劇物の製造番号

	a	b	c	d
1	正	正	誤	誤
2	正	誤	誤	誤
3	誤	正	正	正
4	正	誤	正	正
5	正	正	正	正

問 15　法第 13 条の規定により、硫酸タリウムを含有する製剤である劇物を農業用として販売する場合の着色方法として、正しいものを 1 〜 5 から一つ選べ。

　　1　鮮明な青色　　　　2　あせにくい緑色　　　3　鮮明な黄色
　　4　あせにくい黒色　　5　鮮明な赤色

問 16　毒物劇物営業者が、毒物又は劇物を毒物劇物営業者以外の者に販売するとき、その譲受人から提出を受けなければならない書面に記載等が必要な事項として、法及び施行規則に規定されていないものを 1 〜 5 から一つ選べ。

　　1　毒物又は劇物の名称及び数量　　2　販売の年月日
　　3　毒物又は劇物の使用目的　　　　4　譲受人の氏名、職業及び住所
　　5　譲受人の押印

問 17　次の記述は法第 15 条第 1 項の条文である。（　　）の中に入れるべき字句の　正しい組合せを下表から一つ選べ。

　　法第 15 条第 1 項
　　　毒物劇物営業者は、毒物又は劇物を次に掲げる者に交付してはならない。
　　　一　（ a ）の者
　　　二　心身の障害により毒物又は劇物による保健衛生上の危害の防止の措置
　　　　を適正に行うことができない者として厚生労働省令で定めるもの
　　　三　麻薬、（ b ）、あへん又は（ c ）の中毒者

	a	b	c
1	14 歳未満	シンナー	覚せい剤
2	18 歳未満	大麻	覚せい剤
3	18 歳未満	シンナー	向精神薬
4	20 歳未満	大麻	向精神薬
5	20 歳未満	大麻	危険ドラッグ

問 18　次の記述は施行令第 40 条の条文の一部である。（　　）の中に入れるべき字句の正しい組合せを下表から一つ選べ。

　　施行令第 40 条
　　　法第 15 条の 2 の規定により、毒物若しくは劇物又は法第 11 条第 2 項に規定する政令で定める物の廃棄の方法に関する技術上の基準を次のように定める。
　　　一　中和、（ a ）、（ b ）、還元、（ c ）その他の方法により、毒物及び劇物並びに法第 11 条第 2 項に規定する政令で定める物のいずれにも該当しない物とすること。

	a	b	c
1	加水分解	酸化	稀釈
2	加水分解	加熱	冷却
3	電気分解	加熱	稀釈
4	加水分解	加熱	濃縮
5	電気分解	酸化	冷却

問 19　法に規定する立入検査に関する記述の正誤について、正しい組合せを下表から一つ選べ。

a　都道府県知事は、保健衛生上必要があると認めるときは、毒物又は劇物の販売業者から必要な報告を徴することができる。

b　都道府県知事は、犯罪捜査上必要があると認めるときは、薬事監視員のうちからあらかじめ指定する者(毒物劇物監視員)に、毒物又は劇物の販売業者の店舗に立ち入り、試験のため必要な最小限度の分量に限り、毒物、劇物を収去させることができる。

c　毒物劇物監視員は、その身分を示す証票を携帯し、関係者の請求があるときは、これを提示しなければならない。

	a	b	c
1	正	正	正
2	正	誤	正
3	誤	正	誤
4	正	正	誤
5	誤	誤	正

問 20　法第 22 条第 1 項の規定により、届出が必要な事業について、正しい組合せを1〜5から一つ選べ。

a　無機シアン化合物たる毒物を取り扱う、電気めっきを行う事業者

b　無機水銀たる毒物を取り扱う、金属熱処理を行う事業者

c　最大積載量が 3,000 キログラムの自動車に固定された容器を用いて 20 ％水酸化ナトリウム水溶液の運送を行う事業者

d　砒素化合物たる毒物を取り扱う、しろありの防除を行う事業者

1(a、b)　2(a、c)　3(a、d)　4(b、d)　5(c、d)

関西広域連合統一共通〔滋賀県、京都府、大阪府、和歌山県、兵庫県、徳島県〕

令和2年度実施

〔毒物及び劇物に関する法規〕

（一般・農業用品目・特定品目共通）

問1 次の物質について、劇物に該当するものを1～5から一つ選べ。

1 ニコチン　　　2 硫酸タリウム　　　3 シアン化水素
4 砒素　　　　　5 セレン

問2 次の記述は法第3条の2第2項の条文である。（　）の中に入れるべき字句の正しい組合せを下表から一つ選べ。

　　毒物若しくは劇物の（ a ）業者又は（ b ）でなければ、特定毒物を（ a ）してはならない。

	a	b
1	輸入	特定毒物研究者
2	輸出	特定毒物使用者
3	販売	特定毒物使用者
4	輸入	特定毒物使用者
5	輸出	特定毒物研究者

問3 特定毒物の品目とその政令で定める用途の正誤について、正しい組合せを下表から一つ選べ。

特定毒物の品目	用途
a 四アルキル鉛を含有する製剤	― ガソリンへの混入
b モノフルオール酢酸アミドを含有する製剤	― 野ねずみの駆除
c モノフルオール酢酸の塩類を含有する製剤	― かんきつ類などの害虫の防除

	a	b	c
1	正	正	正
2	正	誤	正
3	正	誤	誤
4	誤	正	正
5	誤	正	誤

問4　次の記述は法第3条の3の条文である。（　　　）の中に入れるべき字句の正しい組合せを下表から一つ選べ。

　　興奮、（　a　）又は麻酔の作用を有する毒物又は劇物（これらを含有する物を含む。）であつて政令で定めるものは、みだりに摂取し、若しくは吸入し、又はこれらの目的で（　b　）してはならない。

	a	b
1	覚せい	販売
2	覚せい	所持
3	幻覚	使用
4	幻覚	所持
5	催眠	販売

問5　次の物質について、法第3条の4に規定する引火性、発火性又は爆発性のある毒物又は劇物であって政令で定めるものに該当するものを1〜5から一つ選べ。
　1　黄燐
　2　カリウム
　3　トルエン
　4　亜塩素酸ナトリウム30％を含有する製剤
　5　塩素酸ナトリウム30％を含有する製剤

問6　毒物又は劇物に関する営業の種類とその登録有効期間の正しい組合せを下表から一つ選べ。

	営業の種類	登録有効期間
1	製造業	2年
2	製造業	3年
3	輸入業	4年
4	販売業	5年
5	販売業	6年

問7　毒物又は劇物の販売業に関する記述の正誤について、正しい組合せを下表から一つ選べ。

　a　一般販売業の登録を受けた者であっても、特定毒物を販売してはならない。
　b　農業用品目販売業の登録を受けた者は、農業上必要な毒物又は劇物であって省令で定めるもの以外の毒物又は劇物を販売してはならない。
　c　特定品目販売業の登録を受けた者でなければ、特定毒物を販売することができない。

	a	b	c
1	正	正	正
2	正	正	誤
3	正	誤	正
4	誤	正	誤
5	誤	誤	正

問8　省令第4条の4で規定されている、毒物又は劇物の販売業の店舗の設備の基準に関する記述の正誤について、正しい組合せを下表から一つ選べ。

　a　毒物又は劇物とその他の物とを区分して貯蔵できるものであること。
　b　毒物又は劇物を陳列する場所にかぎをかける設備があること。
　c　毒物又は劇物を貯蔵する場所が性質上かぎをかけることができないものであるときは、その周囲に警報装置が設けてあること。

	a	b	c
1	正	誤	正
2	誤	正	誤
3	正	正	誤
4	誤	誤	正
5	正	正	正

問 9 法第 6 条の規定による毒物劇物販売業の登録事項について、正しいものの組合せを 1 ～ 5 から一つ選べ。

a 申請者の氏名及び住所 (法人の場合は名称及び主たる事務所の所在地)
b 店舗の所在地
c 販売または授与しようとする毒物又は劇物の品目
d 店舗の営業時間

1 (a、b) 2 (a、d) 3 (b、c) 4 (b、d) 5 (c、d)

問 10 次の記述は、法第 7 条の条文の一部である。( ) の中に入れるべき字句の正しい組合せを下表から一つ選べ。

　　毒物劇物営業者は、毒物又は劇物を (a) 取り扱う製造所、営業所又は店舗ごとに、(b) の毒物劇物取扱責任者を置き、毒物又は劇物による保健衛生上の危害の防止に当たらせなければならない。

	a	b
1	専門に	常勤
2	業務上	常勤
3	直接に	専任
4	業務上	専任
5	直接に	常勤

問 11 法の規定により、毒物劇物営業者が行う毒物又は劇物の表示に関する記述の正誤について、正しい組合せを下表から一つ選べ。

a 毒物の容器及び被包に、黒地に白色をもって「毒物」の文字を表示しなければならない。
b 劇物の容器及び被包に、白地に赤色をもって「劇物」の文字を表示しなければならない。
c 劇物の容器及び被包には「医薬用外」の文字を必ずしも記載する必要はないが、毒物の容器及び被包には「医薬用外」の文字を記載する必要がある。

	a	b	c
1	正	誤	正
2	誤	正	誤
3	正	正	誤
4	誤	誤	正
5	正	正	正

問 12 毒物劇物営業者が、毒物又は劇物の容器及び被包に表示しなければ販売又は授与できない事項について、正しいものの組合せを一つ選べ。

a 毒物又は劇物の成分及びその含量
b 毒物又は劇物の使用期限
c 毒物又は劇物の製造番号
d 有機燐化合物及びこれを含有する製剤たる毒物及び劇物の場合は、省令で定める解毒剤の名称

1 (a、b) 2 (a、c) 3 (a、d) 4 (b、c) 5 (c、d)

問 13 毒物劇物営業者が、「あせにくい黒色」で着色したものでなければ、農業用として販売し、又は授与してはならないものとして、政令で定める劇物の正しいものの組合せを 1 ～ 5 から一つ選べ。

a 硫化カドミウムを含有する製剤たる劇物
b 硫酸タリウムを含有する製剤たる劇物
c 沃化メチルを含有する製剤たる劇物
d 燐化亜鉛を含有する製剤たる劇物

1 (a、b) 2 (a、c) 3 (b、c) 4 (b、d) 5 (c、d)

問 14　法第 14 条の規定により、毒物劇物営業者が毒物又は劇物を毒物劇物営業者以外の者に販売するとき、その譲受人から提出を受けなければならない書面に記載が必要な事項について、正しいものの組合せを 1 ～ 5 から一つ選べ。

　　a　毒物又は劇物の名称及び数量　　　b　使用の年月日
　　c　譲受人の氏名、職業及び住所　　　d　譲受人の年齢

　　1（a、b）　　2（a、c）　　3（b、c）　　4（b、d）　　5（c、d）

問 15　法第 15 条に規定する、毒物又は劇物の交付の制限等に関する記述の正誤について、正しい組合せを下表から一つ選べ。

　　a　毒物劇物営業者は、毒物又は劇物を 18 歳の者に交付してはならない。
　　b　毒物劇物営業者は、毒物又は劇物を麻薬、大麻、あへん又は覚せい剤の中毒者に交付してはならない。
　　c　毒物劇物営業者は、ナトリウムの交付を受ける者の氏名及び住所を確認したときは、確認に関する事項を記載した帳簿を、最終の記載をした日から 3 年間、保存しなければならない。

	a	b	c
1	正	誤	正
2	誤	正	誤
3	正	正	誤
4	誤	誤	正
5	正	正	正

問 16　次の記述は政令第 40 条の条文の一部である。（　）の中に入れるべき字句の正しい組合せを下表から一つ選べ。

　　法第 15 条の 2 の規定により、毒物若しくは劇物又は法第 11 条第 2 項に規定する政令で定める物の廃棄の方法に関する技術上の基準を次のように定める。
　　一　中和、加水分解、酸化、還元、（ a ）その他の方法により、毒物及び劇物並びに法第 11 条第 2 項に規定する政令で定める物のいずれにも該当しない物とすること。
　　二　（ b ）又は揮発性の毒物又は劇物は、保健衛生上危害を生ずるおそれがない場所で、少量ずつ放出し、又は（ c ）させること。
　　三　可燃性の毒物又は劇物は、保健衛生上危害を生ずるおそれがない場所で、少量ずつ（ d ）させること。
　　四　（略）

	a	b	c	d
1	稀釈	ガス体	揮発	燃焼
2	冷却	液体	濃縮	溶解
3	稀釈	液体	濃縮	燃焼
4	冷却	ガス体	濃縮	溶解
5	冷却	ガス体	揮発	燃焼

問 17　毒物又は劇物を運搬する車両に掲げる標識に関する記述について、（　）の中に入れるべき字句の正しい組合せを下表から一つ選べ。

　　車両を使用して塩素を 1 回につき 6,000 キログラム運搬する場合、運搬する車両に掲げる標識は、（ a ）メートル平方の板に、地を（ b ）、文字を（ c ）として（ d ）と表示し、車両の前後の見やすい箇所に掲げなければならない。

	a	b	c	d
1	0.3	白色	黄色	「劇」
2	0.5	黒色	白色	「毒」
3	0.3	黒色	白色	「毒」
4	0.5	白色	黄色	「劇」
5	0.3	黒色	黄色	「毒」

問 18 政令第 40 条の 9 第 1 項の規定により、毒物劇物営業者が譲受人に対し、提供しなければならない情報の内容の正誤について、正しい組合せを下表から一つ選べ。

a　応急措置
b　漏出時の措置
c　安定性及び反応性
d　毒物劇物取扱責任者の氏名

	a	b	c	d
1	正	誤	正	誤
2	誤	正	誤	正
3	正	誤	誤	正
4	誤	誤	正	正
5	正	正	正	誤

問 19 毒物又は劇物の事故の際の措置に関する記述の正誤について、正しい組合せを下表から一つ選べ。

a　毒物劇物営業者は、その取扱いに係る毒物又は劇物が地下に染み込んだ場合において、不特定又は多数の者について保健衛生上の危害が生ずるおそれがあるときは、直ちに、その旨を保健所、警察署又は消防機関に届け出なければならない。
b　毒物劇物営業者は、その取扱いに係る毒物又は劇物が流れ出した場合において、不特定又は多数の者について保健衛生上の危害が生ずるおそれがあるときは、直ちに、保健衛生上の危害を防止するために必要な応急の措置を講じなければならない。
c　毒物劇物営業者は、その取扱いに係る毒物又は劇物が盗難にあい、又は紛失したときは、直ちに、その旨を警察署に届け出なければならない。

	a	b	c
1	正	誤	誤
2	誤	正	誤
3	正	正	誤
4	誤	誤	正
5	正	正	正

問 20 次の記述は登録が失効した場合等の措置に関する法第 21 条第 1 項の条文である。（　）の中に入れるべき字句の正しい組合せを下表から一つ選べ。

　毒物劇物営業者、特定毒物研究者又は特定毒物使用者は、その営業の登録若しくは特定毒物研究者の許可が効力を失い、又は特定毒物使用者でなくなつたときは、（　a　）以内に、毒物劇物営業者にあつてはその製造所、営業所又は店舗の所在地の都道府県知事（販売業にあつてはその店舗の所在地が、保健所を設置する市又は特別区の区域にある場合においては、市長又は区長）に、特定毒物研究者にあつてはその主たる研究所の所在地の都道府県知事（その主たる研究所の所在地が指定都市の区域にある場合においては、指定都市の長）に、特定毒物使用者にあつては、都道府県知事に、それぞれ現に所有する（　b　）の（　c　）を届け出なければならない。

	a	b	c
1	15 日	特定毒物	品名及び数量
2	30 日	毒物及び劇物	品名及び廃棄方法
3	30 日	特定毒物	品名及び数量
4	15 日	毒物及び劇物	品名及び廃棄方法
5	15 日	毒物及び劇物	品名及び数量

奈良県
令和元年度実施

〔法　規〕
（一般・農業用品目・特定品目共通）

問1　次のうち、毒物及び劇物取締法施行令第22条に規定されている、モノフルオール酢酸アミドを含有する製剤の使用者及び用途として、**正しいものの組み合わせ**を1つ選びなさい。

	使用者	用途
1	生産森林組合	食用に供されることがない観賞用植物の害虫の防除
2	農業協同組合	りんごの害虫の防除
3	石油精製業者	ガソリンへの混入
4	地方公共団体	コンテナ内におけるねずみの駆除
5	農業共済組合	倉庫内の昆虫等の駆除

問2　次のうち、特定毒物である四アルキル鉛を含有する製剤の着色の基準で規定されている色として、**誤っているもの**を1つ選びなさい。

    1　赤色　　2　青色　　3　黄色　　4　緑色　　5　黒色

問3　次のうち、毒物及び劇物取締法第3条の4に規定されている、引火性、発火性又は爆発性のある劇物であって政令で定めるものとして、**正しいものの組み合わせ**を1つ選びなさい。

    a　ピクリン酸　　b　ナトリウム　　c　メタノール　　d　ニトロベンゼン

    1（a、b）　　2（a、c）　　3（b、d）　　4（c、d）

問4　次のうち、毒物及び劇物取締法上、毒物劇物農業用品目販売業者が販売できるものとして、**正しいものの組み合わせ**を1つ選びなさい。

    a　アクリルニトリル　　b　硫化燐（りん）
    c　シアナミド　　　　　d　メチルイソチオシアネート

    1（a、b）　　2（a、c）　　3（b、d）　　4（c、d）

問5　次のうち、毒物及び劇物取締法上、毒物劇物特定品目販売業者が販売できるものとして、**正しいものの組み合わせ**を1つ選びなさい。

    a　四塩化炭素　　b　二硫化炭素　　c　アンモニア　　d　カリウム

    1（a、b）　　2（a、c）　　3（b、d）　　4（c、d）

問6　次のうち、毒物及び劇物取締法第4条に基づき毒物劇物営業者の登録を行う場合の登録事項として、**誤っているもの**を1つ選びなさい。

1　申請者の氏名及び住所（法人にあっては、その名称及び主たる事務所の所在地）
2　販売業の登録にあっては、販売又は授与しようとする毒物又は劇物の数量
3　製造業又は輸入業の登録にあっては、製造し、又は輸入しようとする毒物又は劇物の品目
4　製造所、営業所又は店舗の所在地

問7 毒物劇物営業者の登録に関する記述の正誤について、**正しい組み合わせ**を1つ選びなさい。

a 輸入業の登録は、営業所ごとに内閣総理大臣が行う。
b 製造業の登録は、5年ごとに更新を受けなければ、その効力を失う。
c 販売業の登録の種類は、一般販売業、農業用品目販売業、特定品目販売業及び特定毒物販売業の4つがある。
d 毒物劇物製造業者がその製造した毒物又は劇物を、他の毒物劇物営業者に販売する場合、毒物劇物販売業の登録を受ける必要がない。

	a	b	c	d
1	誤	正	誤	誤
2	誤	正	誤	正
3	正	誤	誤	正
4	誤	誤	正	正
5	正	正	正	誤

問8 毒物及び劇物取締法の規定に関する記述の正誤について、**正しい組み合わせ**を1つ選びなさい。

a 販売業の登録の種類である特定品目とは、特定毒物のことである。
b 毒物劇物営業者は、16歳の者に対して毒物又は劇物を交付することができる。
c 薬局の開設者が薬剤師の場合は、販売業の登録をうけなくても、毒物又は劇物を販売することができる。
d 特定毒物を所持できるのは、毒物劇物営業者、特定毒物研究者又は特定毒物使用者である。

	a	b	c	d
1	正	正	誤	誤
2	誤	正	正	正
3	正	誤	誤	正
4	誤	誤	誤	正
5	正	正	正	誤

問9 次の記述は、毒物及び劇物取締法第7条第1項の条文の一部である。（　　　）中にあてはまる字句として、**正しいものの組み合わせ**を1つ選びなさい。

毒物劇物営業者は、毒物又は劇物を（　a　）に取り扱う製造所、営業所又は店舗ごとに、（　b　）の毒物劇物取扱責任者を置き、毒物又は劇物による（　c　）の危害の防止に当たらせなければならない。

	a	b	c
1	直接	常勤	保健衛生上
2	継続的	専任	保健衛生上
3	継続的	常勤	公衆衛生上
4	直接	専任	保健衛生上
5	直接	常勤	公衆衛生上

問10 毒物劇物取扱責任者に関する記述について、**正しいものの組み合わせ**を1つ選びなさい。

a 薬剤師は、都道府県知事が行う毒物劇物取扱者試験に合格することなく、毒物劇物取扱責任者となることができる。
b 一般毒物劇物取扱者試験に合格した者は、特定品目販売業の毒物劇物取扱責任者になることはできない。
c 毒物劇物営業者は、毒物劇物取扱責任者を変更したときは、30日以内に、その毒物劇物取扱責任者の氏名を届け出なければならない。
d 毒物又は劇物に関する罪を犯し、罰金以上の刑に処せられ、その執行を終った日から起算して5年を経過していない者は、毒物劇物取扱責任者になることができない。

　1 （a、b）　　2 （a、c）　　3 （b、d）　　4 （c、d）

問 11　毒物及び劇物取締法の規定を踏まえ、毒物劇物営業者の届出に関する記述について、**正しいもの**を1つ選びなさい。

1　店舗における毒物劇物販売業の営業時間を変更した場合、変更後 30 日以内に届出をしなければならない。

2　毒物を廃棄処分した場合、廃棄後 30 日以内に届出をしなければならない。

3　登録を受けた毒物又は劇物以外の毒物又は劇物を製造した場合、製造後 30 日以内に届出をしなければならない。

4　店舗の名称を変更した場合、変更後 30 日以内に届出をしなければならない。

問 12　毒物又は劇物の表示に関する記述について、**正しいものの組み合わせを**で1つ選びなさい。

a　毒物又は劇物の製造業者が、その製造した毒物又は劇物を販売し、又は授与するときは、その容器及び被包に、製造所の名称及びその所在地を表示しなければならない。

b　毒物劇物営業者は、劇物の容器及び被包に、「医薬用外」の文字及び白地に赤色をもって「劇物」の文字を表示しなければならない。

c　毒物劇物営業者は、有機燐(りん)化合物及びこれを含有する製剤たる毒物及び劇物の容器及び被包に、厚生労働省令で定めるその中和剤の名称を表示しなければ、これを販売し、又は授与してはならない。

d　毒物劇物営業者は、毒物を陳列する場所に、「医薬用外」の文字及び「毒物」の文字を表示しなければならない。

1　(a、b)　　2　(a、c)　　3　(b、d)　　4　(c、d)

問 13　毒物又は劇物の販売業者が、毒物又は劇物の直接の容器又は直接の被包を開いて、毒物又は劇物を販売し、又は授与するとき、その容器又は被包に表示しなければならない事項として、**正しいものの組み合わせ**を1つ選びなさい。

a　毒物劇物取扱責任者の氏名

b　毒物劇物取扱責任者の氏名及び住所

c　販売業者の氏名及び住所

d　販売業者の氏名及び電話番号

1　(a、b)　　2　(a、c)　　3　(b、d)　　4　(c、d)

問 14　次の記述は、毒物及び劇物取締法第 14 条第 1 項の条文である。(　　　)あてはまる字句として、**正しいものの組み合わせ**を1つ選びなさい。

　　毒物劇物営業者は、毒物又は劇物を他の毒物劇物営業者に販売し、又は授与したときは、その都度、次に掲げる事項を書面に記載しておかなければならない。

　一　毒物又は劇物の名称及び(a)

　二　販売又は授与の年月日

　三　(b)の氏名、(c)及び住所(法人にあつては、その名称及び主たる事務所の所在地)

	a	b	c
1	成分	譲受人	職業
2	数量	譲渡人	年齢
3	数量	譲受人	職業
4	成分	譲渡人	職業
5	数量	譲受人	年齢

問 15　次の防毒マスクのうち、ホルムアルデヒド 37 ％含有する製剤で液体状のもの
を車両を使用して 1 回につき 5,000 kg 運搬する場合に、当該車両に備えなければ
ならない保護具として、**正しいもの**を 1 つ選びなさい。
1　酸性ガス用防毒マスク　　　2　普通ガス用防毒マスク
3　有機ガス用防毒マスク　　　4　ハロゲンガス用防毒マスク
5　塩基性ガス用防毒マスク

問 16　次の記述は、毒物及び劇物取締法施行令第 40 条の 6 に規定されている、毒物
又は劇物の荷送人の通知義務に関するものである。（　　　）の中にあてはまる字
句として、**正しいものの組み合わせ**を 1 つ選びなさい。

車両を使用して、1 回の運搬につき（　a　）を超えて毒物又は劇物を運搬する
場合で、当該運搬を他に委託するときは、その荷送人は、運送人に対し、あらか
じめ、当該毒物又は劇物の名称、（　b　）及びその含量並びに数量並びに事故の
際に講じなければならない応急の措置の内容を記載した書面を交付しなければばな
らない。

	a	b
1	5,000kg	成分
2	5,000kg	毒性
3	1,000kg	成分
4	1,000kg	毒性

問 17　毒物及び劇物取締法施行令第 40 条の 9 第 1 項及び同法施行規則第 13 条の 12 に
規定されている、毒物劇物営業者が、譲受人に対し、提供しなければならない情報
の内容として、**正しいものの組み合わせ**を 1 つ選びなさい。
a　輸送上の注意　　　　　b　盗難・紛失時の措置
c　物理的及び化学的性質　　d　毒物劇物取扱責任者の氏名
1　(a、b)　　2　(a、c)　　3　(b、d)　　4　(c、d)

問 18　次のうち、毒物及び劇物取締法第 16 条の 2 に規定されている、毒物劇物営業者
が、その取扱に係る毒物又は劇物を紛失した場合に、直ちに、その旨を届け出なけ
ればならない機関として、**正しいもの**を 1 つ選びなさい。
1　都道府県庁　　2　保健所　　3　消防機関　　4　警察署

問 19　次の記述は、毒物及び劇物取締法第 21 条第 1 項に規定されている、毒物又は
劇物の販売業者の登録が失効した場合の措置に関するものである。（　　　）の中
にあてはまる字句として、**正しいものの組み合わせ**を 1 つ選びなさい。

毒物又は劇物の販売業者は、その営業の登録が効力を失ったときは、（　a　）
以内に、その店舗の所在地の都道府県知事(その店舗の所在地が、保健所を設置す
る市又は特別区の区域にある場合においては、市長又は区長。)に、現に所有する
（　b　）の品名及び数量を届け出なければならない。

	a	b
1	15 日	全ての毒物及び劇物
2	15 日	特定毒物
3	30 日	全ての毒物及び劇物
4	30 日	特定毒物

問 20 次のうち、毒物及び劇物取締法第 22 条第 1 項に規定されている、業務上取扱者の届出が必要な事業者として、**誤っているもの**を 1 つ選びなさい。

1 電気めっきを行う事業者であって、その業務上、無機シアン化合物を取り扱う者
2 鼠の防除を行う事業者であって、その業務上、砒素化合物を取り扱う者
3 金属熱処理を行う事業者であって、その業務上、無機シアン化合物を取り扱う者
4 最大積載量が 5,000 k g 以上の自動車で塩素を運送する者

令和２年度実施
(注) 特定品目はありません

〔法　規〕

(一般・農業用品目共通)

問１　特定毒物に関する記述の正誤について、**正しい組み合わせ**を１つ選びなさい。

a　毒物若しくは劇物の輸入業者又は特定毒物研究者でなければ、特定毒物を輸入してはならない。

b　特定毒物研究者であれば、特定毒物を製造することができる。

c　特定毒物研究者又は特定毒物使用者でなければ、特定毒物を所持してはならない。

d　特定毒物使用者は、特定毒物を品目ごとに政令で定める用途以外の用途に供してはならない。

	a	b	c	d
1	誤	正	誤	誤
2	正	正	誤	正
3	正	誤	誤	正
4	誤	誤	正	正
5	正	正	正	誤

問２　特定毒物の用途に関する記述について、**正しいものの組み合わせ**を１つ選びなさい。

a　モノフルオール酢酸アミドを含有する製剤を、野ねずみの駆除に使用する。

b　モノフルオール酢酸の塩類を含有する製剤を、かきの害虫の防除に使用する。

c　ジメチルエチルメルカプトエチルチオホスフエイトを含有する製剤を、かんきつ類の害虫の防除に使用する。

d　四アルキル鉛を含有する製剤を、ガソリンへ混入する。

1（a、b）　　　2（a、c）　　　3（b、d）　　　4（c、d）

問３　次のうち、毒物及び劇物取締法第３条の３で規定されている興奮、幻覚又は麻酔の作用を有し、みだりに摂取し、若しくは吸入し、又はこれらの目的で所持してはならない劇物(これを含有する物を含む。)として、**正しいもの**を１つ選びなさい。

a　メタノールを含有するシンナー　　b　キシレンを含有する接着剤

c　クロロホルム　　　　　　　　　　d　アニリンを含有する塗料

問４　次のうち、毒物及び劇物取締法施行規則第４条の４の規定に基づき、毒物及び劇物の製造所の設備の基準として、**正しいものの組合せ**を１つ選びなさい。

a　毒物又は劇物を陳列する場所にかぎをかける設備があること。

b　毒物又は劇物の運搬用具は、毒物又は劇物が飛散し、漏れ、又はしみ出るおそれがないものであること。

c　毒物又は劇物を貯蔵する場所が、性質上かぎをかけることができないものであるときは、常時監視が行われていること。

d　毒物又は劇物とその他の物とを区分して貯蔵できないときは、貯蔵する場所に適切な識別表示を行うこと。

1（a、b）　　　2（a、c）　　　3（b、d）　　　4（c、d）

問5　毒物及び劇物取締法に関する記述の正誤について、**正しい組み合わせ**を1つ選びなさい。

a　毒物又は劇物の輸入業者は、毒物又は劇物の販売業の登録を受けなければ、その輸入した毒物を他の毒物劇物営業者に販売することができない。

b　毒物又は劇物の現物を直接に取り扱うことなく、伝票処理のみの方法によって、販売又は授与しようとする場合、毒物劇物取扱責任者を置けば、毒物又は劇物の販売業の登録を受ける必要はない。

c　毒物劇物一般販売業の登録を受けた者は、毒物及び劇物取締法施行規則で特定品目に定められている劇物を販売することができる。

d　毒物又は劇物の販売業の登録を受けようとする者が、法律の規定により登録を取り消され、取消の日から起算して3年を経過していないものであるときは、販売業の登録を受けることができない。

	a	b	c	d
1	正	正	正	誤
2	誤	正	誤	正
3	正	誤	誤	正
4	誤	誤	正	正
5	誤	誤	正	誤

問6　毒物劇物取扱者試験に関する記述の正誤について、正しい組み合わせを1つ選びなさい。

a　毒物劇物取扱者試験の合格者は、試験合格後ただちに毒物又は劇物を販売することができる。

b　毒物劇物取扱者試験の合格者は、その合格した試験が実施された都道府県内でのみ毒物劇物取扱責任者になることができる。

c　一般毒物劇物取扱者試験の合格者は、特定毒物を製造する工場の毒物劇物取扱責任者になることができる。

d　農業用品目毒物劇物取扱者試験の合格者は、硫酸を製造する工場の毒物劇物取扱責任者になることができる。

	a	b	c	d
1	誤	誤	正	誤
2	誤	正	誤	正
3	正	正	誤	誤
4	正	誤	誤	正
5	正	誤	正	誤

問7〜9　次の記述は、毒物及び劇物取締法第8条の条文である。（　　）の中にあてはまる字句として、**正しいもの**を1つ選びなさい。

（毒物劇物取扱責任者の資格）

第八条　略

2　次に掲げる者は、前条の毒物劇物取扱責任者となることができない。

一　（**問7**）未満の者

二　略

三　麻薬、（**問8**）、あへん又は覚せい剤の中毒者

四　毒物若しくは劇物又は薬事に関する罪を犯し、罰金以上の刑に処せられ、その執行を終り、又は執行を受けることがなくなつた日から起算して（**問9**）を経過していない者

3〜5　略

問7　1　十四歳　　2　十六歳　　3　十八歳　　4　十九歳　　5　二十歳
問8　1　コカイン　2　シンナー　3　アルコール　4　指定薬物　5　大麻
問9　1　一年　　　2　二年　　　3　三年　　　4　四年　　　5　五年

- 17 -

問 10　次のうち、毒物及び劇物取締法第 10 条第 1 項の規定に基づき、毒物及び劇物の販売業者が届け出なければならない場合として、**正しいものの組合せ**を 1 つ選びなさい。

a　法人の代表者を変更したとき
b　店舗の電話番号を変更したとき
c　店舗における営業を廃止したとき
d　毒物又は劇物を運搬する設備の重要な部分を変更したとき

　　1　(a、b)　　　2　(a、c)　　　3　(b、d)　　　4　(c、d)

問 11　次のうち、毒物及び劇物取締法第 12 条第 2 項の規定に基づき、毒物劇物営業者が、毒物又は劇物を販売するときに、その容器及び被包に表示しなければならない事項として、**正しいものの組合せ**を 1 つ選びなさい。

a　毒物又は劇物の製造番号　　　b　毒物又は劇物の成分及びその含量
c　毒物又は劇物の使用期限　　　d　毒物又は劇物の名称

　　1　(a、b)　　　2　(a、c)　　　3　(b、d)　　　4　(c、d)

問 12　次のうち、燐化亜鉛を含有する製剤たる劇物を農業用として販売する場合の着色の方法として、**正しいもの**を 1 つ選びなさい。

　　1　あせにくい緑色で着色する。　　2　あせにくい青色で着色する。
　　3　あせにくい赤色で着色する。　　4　あせにくい黒色で着色する。
　　5　あせにくい紅色で着色する。

問 13 ～ 14　次の記述は、毒物及び劇物取締法第 15 条の条文である。(　　)の中にあてはまる字句として、**正しいもの**を 1 つ選びなさい。

（毒物又は劇物の交付の制限等）
第十五条　略
2　毒物劇物営業者は、厚生労働省令の定めるところにより、その交付を受ける者の(**問 13**)を確認した後でなければ、第三条の四に規定する政令で定める物を交付してはならない。
3　略
4　毒物劇物営業者は、前項の帳簿を、最終の記載をした日から(**問 14**)、保存しなければならない。

　問 13　1　年齢及び職業　　2　使用目的及び職業　　3　使用目的及び年齢
　　　　　4　氏名及び年齢　　5　氏名及び住所
　問 14　1　二年間　　2　三年間　　3　五年間　　4　十年間　　5　十五年間

問 15 〜 17　次の記述は、毒物及び劇物取締法施行令第 40 条の条文である。（　）の中にあてはまる字句として、**正しいもの**を 1 つ選びなさい。

（廃棄の方法）

第四十条　法第十五条の二の規定により、毒物若しくは劇物又は法第十一条第二項に規定する政令で定める物の廃棄の方法に関する技術上の基準を次のように定める。

一　中和、加水分解、酸化、還元、**(問 15)**その他の方法により、毒物及び劇物並びに法第十一条第二項に規定する政令で定める物のいずれにも該当しない物とすること。

二　ガス体又は**(問 16)**性の毒物又は劇物は、保健衛生上危害を生ずるおそれがない場所で、少量ずつ放出し、又は**(問 16)**させること。

三　可燃性の毒物又は劇物は、保健衛生上危害を生ずるおそれがない場所で、少量ずつ**(問 17)**させること。

四　略

問 15　1　けん化　　2　稀釈　　3　電気分解　　4　沈殿　　5　燃焼
問 16　1　揮発　　2　凝縮　　3　昇華　　4　酸化　　5　還元
問 17　1　融解　　2　燃焼　　3　酸化　　4　蒸発　　5　昇華

問 18　毒物及び劇物取締法施行令第 40 条の 5 の規定に基づき、過酸化水素 35 ％を含有する製剤（劇物）を、車両を使用して 1 回につき 5,000 キログラム以上運搬する場合の運搬方法に関する記述の正誤について、**正しい組み合わせ**を 1 つ選びなさい。

a　車両には、運搬する毒物又は劇物の名称、成分及びその含量並びに事故の際に講じなければならない応急の措置の内容を記載した書面を備える。

b　車両には、防毒マスク、ゴム手袋、保護手袋、保護長ぐつ、保護衣及び保護眼鏡を 1 人分備える。

c　車両には、0.3 メートル平方の板に地を黒色、文字を白色として「毒」と表示し、車両の前後の見やすい箇所に掲げる。

d　1 人の運転者による運転時間が、1 日当たり 10 時間であれば、交代して運転する者を同乗させる。

	a	b	c	d
1	誤	正	正	誤
2	誤	正	誤	正
3	正	誤	誤	正
4	正	誤	正	正
5	正	正	正	誤

問 19 〜 20　次の記述は、毒物及び劇物取締法第 1 7 条の条文である。（　）の中にあてはまる字句として、**正しいもの**を 1 つ選びなさい。

（事故の際の措置）

第十七条　毒物劇物営業者及び特定毒物研究者は、その取扱いに係る毒物若しくは劇物又は第十一条第二項の政令で定める物が飛散し、漏れ、流れ出し、染み出し、又は地下に染み込んだ場合において、不特定又は多数の者について保健衛生上の危害が生ずるおそれがあるときは、（問 19 ）、その旨を（問 20 ）に届け出るとともに、保健衛生上の危害を防止するために必要な応急の措置を講じなければならない。

2　略

問 19　1　直ちに　　2　遅滞なく　　3　二十四時間以内に
　　　　4　四十八時間以内に　　5　三日以内に
問 20　1　保健所　　2　警察署　　3　警察署又は消防機関
　　　　4　保健所又は消防機関　　5　保健所、警察署又は消防機関

〔基礎化学編〕
関西広域連合統一共通〔滋賀県、京都府、大阪府、和歌山県、兵庫県、徳島県〕

【令和元年度実施】

（一般・農業用品目・特定品目共通）

問21 原子の構造に関する記述について、（　）の中に入れるべき字句の正しい組合せを下表から一つ選べ。

原子は、その中心に（ a ）の電荷をもつ原子核と、それを取り巻く（ b ）の電荷をもつ電子からなる。さらに原子核は、（ c ）の電荷をもつ陽子と、電荷をもたない中性子からなる。原子中の陽子の数を（ d ）といい、原子核中の陽子の数と中性子の数の和を（ e ）という。

	a	b	c	d	e
1	正	負	正	原子番号	質量数
2	負	正	負	原子番号	質量数
3	正	負	正	質量数	原子番号
4	負	正	負	質量数	原子番号
5	中性	負	正	原子番号	質量数

問22 分子の構造に関する記述の正誤について、正しい組合せを下表から一つ選べ。

a　N_2 は二重結合をもつ分子で、直線形の立体構造をしている。
b　H_2O は単結合のみをもつ分子で、折れ線形の立体構造をしている。
c　CO_2 は三重結合をもつ分子で、直線形の立体構造をしている。

	a	b	c
1	誤	正	誤
2	正	誤	誤
3	誤	正	正
4	誤	誤	正
5	正	正	誤

問23 中和反応の量的関係に関する記述について、（　）の中に入れるべき字句の正しい組合せを下表から一つ選べ。

中和反応は、酸の H^+ と塩基の OH^- が結合して（ a ）を生成する反応である。たとえば、1価の塩基である水酸化ナトリウム（NaOH）1 mol をちょうど中和するのに必要な酸の物質量は、1価の塩酸（HCl）ならば1 mol、（ b ）価の硫酸（H_2SO_4）ならば（ c ）mol である。

	a	b	c
1	H_2O_2	1	0.5
2	H_2O_2	2	2
3	H_2O	1	2
4	H_2O	2	2
5	H_2O	2	0.5

問24 メタン(CH₄)8.0g を完全燃焼させたときに生成する水の質量は何 g になるか。次の1～5から一つ選べ。

ただし、原子量は H = 1.0、C = 12、O = 16 とする。

1 0.9   2 4.5   3 9.0   4 18   5 45

問25 酸化還元反応に関する記述について、( )の中に入れるべき字句の正しい組合せを下表から一つ選べ。

$$H_2S + I_2 \rightarrow S + 2HI$$

の酸化還元反応では、S 原子の酸化数は(a)しているので、H_2S は(b)として作用しており、I 原子の酸化数は(c)しているので、I_2 は(d)として作用している。

	a	b	c	d
1	増加	還元剤	減少	酸化剤
2	増加	酸化剤	増加	還元剤
3	増加	還元剤	減少	還元剤
4	減少	酸化剤	増加	還元剤
5	減少	還元剤	増加	酸化剤

問26 熱化学方程式に関する記述の正誤について、正しい組合せを下表から一つ選べ。

a 化学反応式の右辺に反応熱を加えて、両辺を等号(＝)で結んだ式を熱 化学方程式という。
b 熱化学方程式の係数に分数や小数を使用してはいけない。
c 反応熱は、発熱反応のときは＋の符号を、吸熱反応のときは－の符号をつけて、kJ の単位で表す。

	a	b	c
1	正	誤	誤
2	誤	誤	正
3	正	誤	正
4	正	正	正
5	誤	正	誤

問27 1 mol の N_2 と 3 mol の H_2 を密閉容器に入れて高温に保ったとき、平衡状態にある記述として、正しいものを1～5から一つ選べ。

$$N_2 + 3H_2 \rightleftharpoons 2NH_3$$

1 NH_3 が生成する速さと NH_3 が分解する速さが等しい。
2 物質量の比が $N_2 : H_2 : NH_3 = 1 : 3 : 2$ になっている。
3 反応が停止して、各物質の濃度が一定になっている。
4 N_2、H_2、NH_3 の物質量の比が等しくなっている。
5 NH_3 は分解しない。

問28 コロイド溶液に関する記述の正誤について、正しい組合せを下表から一つ選べ。

a 親水コロイドは、少量の電解質を加えると沈殿する。
b ブラウン運動は、コロイド粒子自身の熱運動である。
c コロイド溶液に横から強い光を当てると、光の通路が輝いて見える。この現象をチンダル現象という。

	a	b	c
1	正	誤	正
2	誤	誤	正
3	正	正	誤
4	正	正	正
5	誤	正	誤

問29 次の水素化合物のうち、沸点が最も高いものを1～5から一つ選べ。

1 HF   2 CH_4 3 NH_3 4 H_2O 5 H_2S

問 30　次の図は面心立方格子の結晶構造をもつ金属結晶の構造である。単位格子内に含まれる原子の数と配位数について、正しい組合せを下表から一つ選べ。

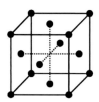

	単位格子内に含まれる原子の数	配位数
1	2	8
2	2	12
3	4	8
4	4	12
5	6	12

問 31　鉄の製錬に関する記述について、（　　　）に入れるべき字句の正しい組合せを下表から一つ選べ。

　　鉄鉱石、コークス、（　a　）を溶鉱炉に入れ、下から熱風を送ると、主にコークスの燃焼で生じた（　b　）によって鉄の酸化物が（　c　）されて、鉄の単体を取り出すことができる。

	a	b	c
1	石灰石	二酸化炭素	酸化
2	石灰石	二酸化炭素	還元
3	石灰石	一酸化炭素	還元
4	重曹	二酸化炭素	酸化
5	重曹	一酸化炭素	還元

問 32　遷移元素に関する記述のうち、銅と銀の両方に当てはまるものを 1〜5 から一つ選べ。

1　湿った空気中で酸化されにくい。
2　赤色の金属光沢を示す。
3　希塩酸には溶けないが、希硫酸には溶ける。
4　ハロゲンの化合物はフィルム式写真の感光剤に利用される。
5　熱伝導性、電気伝導性が大きい。

問 33　アセチレンに関する反応の主な生成物として、誤っているものを 1〜5 から一つ選べ。

1　$CH \equiv CH + HCl \rightarrow CH_2 = CHCl$
2　$CH \equiv CH + CH_3COOH \rightarrow CH_2 = CHOCOCH_3$
3　$CH \equiv CH + HCN \rightarrow CH_2 = CHCN$
4　$CH \equiv CH + H_2O$ （$HgSO_4$ 触媒）$\rightarrow CH_2 = CHOH$
5　$3CH \equiv CH$ （Fe 触媒）$\rightarrow C_6H_6$

問 34　次の化合物について、塩化鉄(Ⅲ)($FeCl_3$)水溶液を加えても呈色しないものを 1〜5 から一つ選べ。

1　フェノール　　　2　ベンジルアルコール　　　3　o－クレゾール
4　サリチル酸　　　5　1－ナフトール（α－ナフトール）

問 35　次のアミノ酸のうち、酸性アミノ酸はいくつあるか。正しいものを 1〜5 から一つ選べ。

a　チロシン　　b　アスパラギン酸　　c　システイン　　d　リシン

1　1つ　　2　2つ　　3　3つ　　4　4つ　　5　なし

関西広域連合統一共通〔滋賀県、京都府、大阪府、和歌山県、兵庫県、徳島県〕

【令和2年度実施】

〔基礎化学〕
（一般・農業用品目・特定品目共通）

問 21　メタン(CH_4)分子の立体構造について、正しいものを1～5から一つ選べ。

1　直線形　　　2　正四面体形　　　3　正六面体形
4　正八面体形　　　5　折れ線形

問 22　次の純物質と混合物及びその分離に関する記述について、（　　）の中に入れるべき字句の正しい組合せを下表から一つ選べ。

物質は純物質と混合物に分類される。空気は（ a ）であるが、エタノールは（ b ）である。純物質にはほかにも（ c ）などがある。また、混合物の分離の方法として、原油からガソリンと灯油を分離する操作を（ d ）といい、熱湯を注いでコーヒーの成分を溶かし出す操作を（ e ）という。

	a	b	c	d	e
1	混合物	純物質	海水	ろ過	蒸留
2	純物質	混合物	岩石	分留	抽出
3	混合物	純物質	塩化ナトリウム	分留	抽出
4	純物質	混合物	牛乳	抽出	蒸留
5	混合物	純物質	塩化ナトリウム	抽出	分留

問 23　塩酸(HCl 水溶液)及び水酸化ナトリウム(NaOH)水溶液の性質に関する記述の正誤について、正しい組合せを下表から一つ選べ。

a　塩酸は、フェノールフタレイン溶液を赤色に変える。
b　水酸化ナトリウム水溶液は、赤色リトマス紙を青色に変える。
c　0.1mol/L　塩酸の pH は、5.7 程度の弱酸性を示す。
d　薄い水酸化ナトリウム水溶液が手につくとぬるぬるする。

	a	b	c	d
1	誤	正	誤	正
2	正	誤	正	誤
3	誤	正	正	誤
4	誤	誤	正	正
5	正	正	誤	誤

問 24　原子に関する記述について、（　　）の中に入れるべき字句の正しい組合せを下表から一つ選べ。

原子は、中心にある原子核と、その周りに存在する電子で構成されている。原子核は、陽子と中性子からできており、このうち（ a ）の数は原子番号と等しくなる。また、原子には原子番号は同じでも、（ b ）の数が異なるために質量数が異なる原子が存在するものがあり、これらを互いに（ c ）という。たとえば、水素原子(H)の場合、${}^1H$ と ${}^3H$ では質量数が（ d ）倍異なるが、その化学的性質はほとんど同じである。

	a	b	c	d
1	陽子	中性子	同素体	3
2	中性子	陽子	同位体	3
3	陽子	中性子	同素体	2
4	中性子	陽子	同位体	2
5	陽子	中性子	同位体	3

問 25　0.1mol/L の酢酸（CH₃COOH）水溶液 10mL に水を加えて、全体で 100mL とした。この溶液の pH はいくらになるか。最も近いものを 1 ～ 5 から一つ選べ。
　　　ただし、この溶液の温度は 25℃、CH₃COOH の電離度を 0.010 とする。

　　　1　1.0　　　2　2.0　　　3　3.0　　　4　4.0　　　5　5.0

問 26　イオン結晶の性質に関する一般的な記述について、誤っているものを 1 ～ 5 から一つ選べ。

　　　1　融点の高いものが多い。
　　　2　固体は電気をよく通す。
　　　3　硬いが、強い力を加えると割れやすい。
　　　4　結晶中では、陽イオンと陰イオンが規則正しく並んでいる。
　　　5　水に溶けると、イオンが動けるようになる。

問 27　次の電池に関する記述について、（　　）の中に入れるべき字句の正しい組合せを下表から一つ選べ。

　　　電池は（ a ）反応を利用して電気エネルギーを取り出す装置である。一般にイオン化傾向の異なる 2 種類の金属を（ b ）に浸すと電池ができる。外部に電子が流れ出す電極を（ c ）、外部から電子が流れ込む電極を（ d ）という。また、両電極間に生じた電位差を（ e ）という。

	a	b	c	d	e
1	酸化還元	電解液	正極	負極	起電力
2	中和	標準液	正極	負極	起電力
3	中和	電解液	正極	負極	分子間力
4	酸化還元	標準液	負極	正極	分子間力
5	酸化還元	電解液	負極	正極	起電力

問 28　次の図は、温度と圧力の変化に応じて水がとりうる状態を示している。領域 A、B、C の状態を表す正しい組合せを下表から一つ選べ。

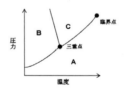

	A	B	C
1	気体	固体	液体
2	固体	気体	液体
3	液体	固体	気体
4	気体	液体	固体
5	固体	液体	気体

問 29 次の熱化学方程式で示される化学反応が、ある温度、圧力のもとで平衡状態にある。

$$H_2(気) + I_2(気) = 2\ HI(気) + 9\ kJ$$

平衡が右に移動する操作を1～5から一つ選べ。

1 圧力を高くする。
2 圧力を低くする。
3 ヨウ化水素ガスを加える。
4 温度を上げる。
5 温度を下げる。

問 30 海水に関する記述の正誤について、正しい組合せを下表から一つ選べ。

a 海水でぬれた布は、真水でぬれたものより乾きにくい。
b 海水は真水よりも低い温度で凝固する。
c 海水の沸点は、真水の沸点より低い。

	a	b	c
1	誤	誤	正
2	誤	正	正
3	正	正	正
4	正	正	誤
5	正	誤	誤

問 31 酸化物(酸素と他の元素との化合物)に関する記述について、( )の中に入れるべき字句の正しい組合せを下表から一つ選べ。

酸素は反応性に富み、多くの元素と化合して酸化物をつくる。非金属元素の酸化物のうち、SO_3 など、水と反応して酸を生じたり、塩基と反応して塩を生じるものを(a)酸化物という。一方、金属元素の酸化物のうち MgO など、水と反応して塩基を生じたり、酸と反応して塩を生じるものを(b)酸化物という。ZnO など、酸・強塩基のいずれとも反応して塩を生じるものを(c)酸化物という。

	a	b	c
1	酸性	塩基性	両性
2	酸性	両性	塩基性
3	塩基性	酸性	両性
4	塩基性	両性	酸性
5	両性	塩基性	酸性

問 32 二酸化炭素の検出方法に関する記述について、正しいものを1～5から一つ選べ。

1 濃塩酸を近づけると白煙を上げる。
2 ヨウ化カリウム水溶液からヨウ素を遊離させる。
3 ヨウ素溶液の色を消す。
4 酢酸鉛(II)水溶液に通じると、黒色の沈殿を生成する。
5 石灰水に通すと白濁する。

問 33 次の化学式で示される官能基とその官能基をもつ化合物の一般名の組合せについて、誤っているものを下表から一つ選べ。

	化学式	化合物の一般名
1	$-OH$	アルコール・フェノール類
2	$>C=O$	ケトン
3	$-NH_2$	アミン
4	$-CHO$	カルボン酸
5	$-SO_3H$	スルホン酸

関西〔基礎化学〕・令和二年

問 34　次のエステルに関する一般的な記述について、誤っているものを1～5から一つ選べ。

1　カルボン酸とアルコールが縮合して生成する。
2　水に溶けやすく、有機溶媒に溶けにくい。
3　低分子量のカルボン酸エステルには、果実のような芳香を持つものがある。
4　エステルの加水分解反応では、H^+が存在すると触媒として働くため、反応が早くなる。
5　油脂は高級脂肪酸とグリセリンのエステルである。

問 35　一般的に、タンパク質を変性させる要因にならないものを1～5から一つ選べ。
1　加熱　　2　強酸　　3　水　　4　有機溶媒　　5　重金属イオン

奈良県

〔基礎化学〕

【令和元年度実施】
(一般・農業用品目・特定品目共通)

問 21 ～ 31 次の記述について、(　　)の中に入れるべき字句のうち、**正しいもの**を1つ選びなさい。

問21 次のうち、常温、常圧において、固体である物質は(　　)である。

1 F_2　　　2 Cl_2　　　3 Br_2　　　4 I_2　　　5 N_2

問22 次のうち、価電子の数が0の原子は(　　)である。

1 ₁₁Na　　2 ₁₂Mg　　3 ₁₃Al　　4 ₁₇Cl　　5 ₁₈Ar

問23 次のうち、元素記号「S」で表される元素名は(　　)である。

1 ケイ素　2 硫黄　3 スカンジウム　4 セレン　5 ストロンチウム

問24 次のうち、不飽和度が2である脂肪酸は(　　)である。

1 パルミチン酸　　2 ステアリン酸　　3 オレイン酸
4 リノール酸　　　5 アラキドン酸

問25 次のうち、アルデヒド基の識別に用いられる反応は(　　)である。

1 キサントプロテイン反応　　2 ニンヒドリン反応　　3 ビウレット反応
4 フェーリング反応　　　　　5 ヨウ素デンプン反応

問26 次のうち、ヨードホルム反応で生成する黄色結晶は(　　)である。

1 CHI_3　　2 CH_2I_2　　3 CH_3I　　4 CH_4　　5 CI_4

問27 次のうち、塩化ナトリウムのナトリウム原子と塩素原子の結合は(　　)である。

1 分子間力による結合　　2 金属結合　　　3 配位結合
4 共有結合　　　　　　　5 イオン結合

問28 次のうち、純物質でないものは(　　)である。

1 塩酸　2 酸素　3 水　4 塩化ナトリウム　5 鉄

問29 次のうち、中性の原子が電子1個を取り入れて、1価の陰イオンになるときに放出されるエネルギーは(　　)である。

1 第1イオン化エネルギー　　2 ファンデルワールス力　　3 電子親和力
4 クーロン力　　　　　　　　5 電気陰性度

問30 次のうち、アミノ基は(　　)である。

1 -NH₂　　2 -NO₂　　3 -CHO　　4 -SO₃H　　5 -COOH

問31 次のうち、芳香族化合物でないものは(　　)である。

1 スチレン　　　2 クメン　　3 アニリン
4 マレイン酸　　5 フタル酸

問 32　次の電池に関する記述のうち、**正しいもの**を１つ選びなさい。

　1　電池の正極、負極は反応させる金属のイオン化傾向の大小により決定される。
　2　放電の際、正極では酸化反応、負極では還元反応が起こる。
　3　ボルタ電池は希硫酸に浸した亜鉛板を正極、銅板を負極とした電池である。
　4　鉛蓄電池は正極が鉛、負極が塩化鉛(IV)であり、充電によりくりかえし使用ができるため、二次電池ともいわれる。

問 33　次の銅イオン(Cu²⁺)を含む水溶液の性質に関する記述のうち、**正しいもの**を１つ選びなさい。

　1　水酸化ナトリウム水溶液を加えると無色透明な溶液となる。
　2　炎色反応は赤色を示す。
　3　硫化水素を通じると黒色の沈殿物を生じる。
　4　アンモニア水を加えると暗褐色の沈殿を生じる。

問 34　次の酸化還元反応に関する記述のうち、**誤つているもの**を１つ選びなさい。

　1　過酸化水素は、酸化剤及び還元剤の両方の働きをする物質である。
　2　酸化マンガン(IV)と濃塩酸の酸化還元反応では、マンガン原子は還元される。
　3　酸化反応と還元反応は同時におこり、それぞれの反応が単独でおこることはない。
　4　硫酸酸性にしたシュウ酸水溶液と過マンガン酸カリウム水溶液の酸化還元反応では、シュウ酸は酸化剤として働く。

問 35　次の記述の正誤について、**正しい組み合わせ**を１つ選びなさい。

　a　水分子は直線型の構造をした極性分子である。
　b　水を大気圧下で固体から液体へ状態変化させると、体積は減少する。
　c　水分子中の水素原子と酸素原子は共有結合している。

	a	b	c
1	正	正	正
2	誤	正	誤
3	誤	正	正
4	正	誤	誤
5	誤	誤	誤

問 36　次の元素の周期表に関する記述の正誤について、**正しい組み合わせ**を１つ選びなさい。

　a　２族の元素は、すべてアルカリ土類金属である。
　b　典型元素は、１族及び２族の元素のみである。
　c　遷移元素は、３周期目からあらわれる。

	a	b	c
1	正	正	正
2	正	正	誤
3	誤	誤	正
4	正	誤	誤
5	誤	誤	誤

問 37　次の記述の正誤について、**正しい組み合わせ**を１つ選びなさい。

　a　エチレングリコールは２価アルコールである。
　b　２－プロパノールの水溶液は酸性を示す。
　c　２－ブタノールは第三級アルコールである。

	a	b	c
1	正	正	正
2	正	正	誤
3	誤	正	正
4	正	誤	誤
5	誤	誤	誤

問 38 2.24L のメタンを空気中で完全燃焼させたとき、水と二酸化炭素が生じた。このとき生じた水の質量として**正しいもの**を1つ選びなさい。
（原子量:H = 1、C = 12、O = 16 とする。）

1 1.8 g　　　2 3.6 g　　　　3 7.2 g　　　　4 18 g　　　5 36 g

問 39 質量パーセント濃度が 4.0 ％の塩化カリウム水溶液の密度は 1.02g/cm³である。水溶液のモル濃度として**最も近い値**を1つ選びなさい。
（原子量:K = 39.1、Cl = 35.5 とする。）

1 0.41mol/L　　　2 0.55mol/L　　　3 1.02mol/L　　　4 4.08 mol/L
5 30.4mol/L

問 40 2.0×10^{-2}mol/L の希硫酸を完全に中和するのに 0.1mol/L の水酸化ナトリウム水溶液 4.0mL を要した。このとき中和した希硫酸の量として**正しいもの**を1つ選びなさい。ただし、希硫酸及び水酸化ナトリウム水溶液の電離度は1とする。

1 2.5mL　　　2 5 mL　　　3 10 mL　　　4 15mL　　　5 20 mL

奈良県

〔基礎化学〕

(注)特定品目はありません

【令和２年度実施】
(一般・農業用品目共通)

問21〜31　次の記述について、(　)の中に入れるべき字句のうち、**正しいもの**を１つ選びなさい。

問21　次のうち、イオン化傾向が最も大きい元素は(　)である。

1　Ca　　2　Co　　3　K　　4　Ni　　5　Li

問22　次のうち、アンモニアの工業的製法は(　)である。

1　アンモニアソーダ法　　2　オストワルト法　　3　ハーバー・ボッシュ法
4　接触法　　　　　　　　5　ホール・エルー法

問23　次のうち、石灰水に二酸化炭素を通じると生成する物質は(　)である。

1　Na_2CO_3　2　$MgCO_3$　3　$CaCO_3$　4　$NaCl$　5　$CaCl_2$

問24　次のうち、原子番号12の元素は(　)である。

1　Zn　　2　Na　　3　C　　4　Al　　5　Mg

問25　次のうち、一定温度において、一定量の気体の体積は圧力に反比例することを示す法則は(　)である。

1　ボイルの法則　　2　シャルルの法則　　3　ラウールの法則
4　ドルトンの分圧の法則　　　　5　ヘンリーの法則

問26　次のうち、両性酸化物である化合物は(　)である。

1　CO_2　　2　P_4O_{10}　　3　CuO　　4　BaO　　5　ZnO

問27　次のうち、ヒドロキシ基とカルボキシ基の両方をもつ化合物は(　)である。

1　アセチルサリチル酸　　2　p－ヒドロキシアゾベンゼン
3　サリチル酸　　4　サリチル酸メチル　　5　クメンヒドロペルオキシド

問28　$HClO$(次亜塩素酸)の塩素の酸化数は(　)である。

1　－3　　2　－1　　3　0　　4　＋1　　5　＋3

問29　次のうち、硫酸酸性の過マンガン酸カリウム水溶液とシュウ酸水溶液が酸化還元反応すると発生する気体は(　)である。

1　CO_2　　2　O_2　　3　H_2　　4　Br_2　　5　CO

問30　次のうち、炎色反応で黄色を示す元素は(　)である。

1　Li　　2　Sr　　3　K　　4　Na　　5　Cu

問31　次のうち、アルキンは(　)である。

1　アセチレン　　　　　2　ブタン　　3　シクロペンタン
4　δ－バレロラクタム　　5　1－ブテン

問32　次の金属の化学的性質に関する記述のうち、**正しいもの**を１つ選びなさい。

1　Caは、塩酸に溶けない。
2　Ptは、空気中(常温)で酸化されない。
3　Znは、高温の水蒸気と反応しない。
4　Auは、王水に溶けない。

問 33　次の鉄イオン（Fe^{2+}、Fe^{3+}）の性質に関する記述のうち、**正しいもの**を 1 つ選びなさい。

1　Fe^{2+}の水溶液は黄褐色、Fe^{3+}の水溶液は淡緑色である。
2　Fe^{2+}、Fe^{3+}の配位数はいずれも 4 で、錯イオンは正四面体の構造をとる。
3　Fe^{2+}の水溶液にアンモニア水を加えるとゲル状沈殿を生成するが、この沈殿は過剰のアンモニア水を加えても溶解することはない。
4　Fe^{2+}を含む水溶液にチオシアン酸カリウム水溶液を加えると血赤色の溶液となる。

問 34　次の電気分解に関する記述のうち、**誤っているもの**を 1 つ選びなさい。

1　陽極では酸化反応がおこり、陰極では還元反応がおこる。
2　純水は電流がほとんど流れないため、電気分解を行うことはできない。
3　Ag^+とCu^{2+}を含む水溶液の電気分解では、最初に Cu が析出し、次に Ag が析出する。
4　陽極、陰極ともに白金電極を使用した塩化銅（Ⅱ）水溶液の電気分解では、陽極に塩素が発生し、陰極に銅が析出する。

問 35　次のアルデヒドに関する記述のうち、**正しいもの**を 1 つ選びなさい。

1　アセトアルデヒドは、酸化するとギ酸になる。
2　アルデヒド基の検出方法の 1 つとして、バイルシュタイン反応がある。
3　エタノールを硫酸酸性のニクロム酸カリウム水溶液を用いて穏やかに酸化させるとホルムアルデヒドが得られる。
4　ホルマリンは、長く放置すると白い沈殿（パラホルムアルデヒド）を生じることがある。

問 36　次のベンゼンに関する記述のうち、**誤っているもの**を 1 つ選びなさい。

1　ベンゼンに鉄粉を加えて、等物質量の塩素を通じると、クロロベンゼンが生成する。
2　ベンゼンを酸素のない条件で、光を当てながら塩素を作用させると、ヘキサクロロシクロヘキサンが生成する。
3　ベンゼンに濃硝酸と濃硫酸の混合物を加えて約 60 ℃で反応させるとニトロトルエンが生成する。
4　ベンゼン環を持つ炭化水素を、芳香族炭化水素またはアレーンという。

問 37　次の同素体とその性質に関する記述のうち、**誤っているもの**を 1 つ選びなさい。

1　炭素の同素体としてグラファイト、ダイヤモンド、フラーレン等がある
2　ダイヤモンドは電気を通さないが、グラファイトは電気を通す。
3　酸素の同素体は存在しない。
4　硫黄の同素体である斜方硫黄と単斜硫黄では、常温においては斜方硫黄の方が安定である。

問 38　1.8×10^{24} 個の酸素分子は何 g になるか。**正しいもの**を 1 つ選びなさい。
（原子量：O ＝ 16、アボガドロ定数：6.0×10^{23} /molとする。）

1　16 g　　2　32g　　3　64g　　4　96g　　5　128 g

問 39　40 ℃の硝酸カリウムの飽和水溶液 80g を 60 ℃に加熱すると、あと何 g の硝酸カリウムを溶かすことができるか。**正しいもの**を 1 つ選びなさい。ただし、固体

の溶解度は溶媒(水)100g に溶けうる溶質の最大質量の数値(g)であり、硝酸カリウムの水に対する溶解度は 40 ℃で 60、60 ℃で 110 とする。

1　20 g　　2　25g　　3　30g　　4　35g　　5　40 g

問 40　プロパン(C_3H_8)とブタン(C_4H_{10})を混合した気体 3 L を空気中で完全燃焼させたところ、二酸化炭素 11 L と水 14 L が生じた。この混合気体の完全燃焼に必要な空気の体積として、**正しいもの**を 1 つ選びなさい。ただし、空気は酸素と窒素が体積比で 1：4 の割合で混合したものとする。

1　18L　　2　36L　　3　72L　　4　90L　　5　108L

実　地　編

関西広域連合統一共通〔滋賀県、京都府、大阪府、和歌山県、兵庫県、徳島県〕

〔毒物及び劇物の性質及び貯蔵その他取扱方法、識別〕

【令和元年度実施】

（一般）

問36 次の製剤について、劇物に該当するものの正しい組合せを1〜5から一つ選べ。

a　過酸化水素10％を含有する製剤
b　塩化水素10％を含有する製剤
c　ホルムアルデヒド10％を含有する製剤
d　過酸化尿素10％を含有する製剤

1（a、b）　2（a、c）　3（b、c）　4（b、d）　5（c、d）

問37 次の物質について、毒物に該当するものの正しい組合せを1〜5から一つ選べ。

a　モノクロル酢酸　　b　トルイジン　　　c　ヒドラジン
d　アリルアルコール

1（a、b）　2（a、c）　3（b、c）　4（b、d）　5（c、d）

問38 弗化水素の廃棄方法として、最も適切なものを1〜5から一つ選べ。

1　多量の水酸化ナトリウム水溶液(20W/V ％以上)に吹き込んだのち、多量の水で希釈して活性汚泥槽で処理する。
2　多量の水酸化ナトリウム水溶液(20W/V ％以上)に吹き込んだのち、高温加圧下で加水分解する。
3　多量の次亜塩素酸ナトリウムと水酸化ナトリウムの混合水溶液に吹き込んで吸収させ、酸化分解した後、過剰の次亜塩素酸ナトリウムをチオ硫酸ナトリウム水溶液等で分解し、希硫酸を加えて中和し、硫化ナトリウム水溶液を加えて沈殿させ、ろ過して埋立処分する。
4　多量の消石灰(水酸化カルシウム)水溶液中に吹き込んで吸収させ、中和し(中和時のpHは、8.5以上とする)、沈殿ろ過して埋立処分する。
5　多量の次亜塩素酸ナトリウムと水酸化ナトリウムの混合水溶液中に徐々に 吹き込んでガスを吸収させ、酸化分解した後、多量の水で希釈して処理する。

問39 黄燐の貯蔵方法として、最も適当なものを1〜5から一つ選べ。

1　少量ならば共栓ガラス瓶を用い、多量ならばブリキ缶を使用し、木箱に入れて貯蔵する。
2　少量ならばガラス瓶、多量ならばブリキ缶又は鉄ドラム缶を用い、酸類とは離して風通しのよい乾燥した冷所に密栓して貯蔵する。
3　ケロシンなど酸素を含まない液体中に貯蔵する。
4　水中に沈めて瓶に入れ、さらに砂を入れた缶中に固定して冷暗所に貯蔵する。
5　金属容器は避け、可燃性の物質とは離して、乾燥している冷暗所に密栓して貯蔵する。

問 40　クロロプレン(別名２－クロロ－１，３ブタジエン)に関する記述の正誤に つ
　　　いて、正しい組合せを下表から一つ選べ。

　　a　重合防止剤を加えて窒素置換し遮光して冷所に貯蔵する。
　　b　火災の際には、有毒な塩化水素ガスを発生するので注意す
　　　る。
　　c　廃棄方法は、木粉(おが屑)等の可燃物に吸収させ、スクラ
　　　バーを具備した焼却炉で少量ずつ燃焼させる。

	a	b	c
1	正	正	誤
2	正	正	正
3	誤	正	正
4	正	誤	誤
5	誤	誤	正

問 41　着火時の措置に関する記述について、最も適当な物質の組合せを下表から一
　　　つ選べ。

　　a　十分な水を用いて消火する。
　　b　高圧ボンベに着火した場合には消火せずに燃焼させる。
　　c　粉末消火剤(金属火災用)、乾燥した炭酸ナトリウム又は乾燥砂等で物質が露
　　　出しないように完全に覆い消火する。

	a	b	c
1	水素化アンチモン	ナトリウム	二硫化炭素
2	水素化アンチモン	二硫化炭素	ナトリウム
3	二硫化炭素	水素化アンチモン	ナトリウム
4	ナトリウム	水素化アンチモン	二硫化炭素
5	二硫化炭素	ナトリウム	水素化アンチモン

問 42　S －メチル－ N －［(メチルカルバモイル)－オキシ］－チオアセトイミデー
　　　ト(別名メトミル、メソミル)の性状及び用途に関する記述について、正しい組合
　　　せを下表から一つ選べ。

	物質	用途
1	白色粉末	農業用の殺虫剤
2	白色粉末	農業用の除草剤
3	無色透明の液体	農業用の殺虫剤
4	無色透明の液体	農業用の殺菌抗生物質
5	白色粉末	農業用の殺菌抗生物質

問 43 亜塩素酸ナトリウムの化学式と主な用途について、正しい組合せを下表から一つ選べ。

	化学式	主な用途
1	NaClO	漂白剤
2	NaClO₂	除草剤
3	NaClO₃	漂白剤
4	NaClO	除草剤
5	NaClO₂	漂白剤

問 44 劇物とその毒性に関する記述の正誤について、正しい組合せを下表から一つ選べ。

劇 物　　　　　　毒性
a　メタノール － 皮膚に触れると激しい火傷(薬傷)を起こす。
b　沃素 － 揮散する蒸気を吸入すると、めまいや頭痛を伴う一種の酩酊を起こす。
c　蓚酸 － 血液中のカルシウム分を奪取し、神経系を侵す。

	a	b	c
1	誤	正	正
2	正	正	誤
3	正	誤	正
4	正	正	正
5	誤	誤	誤

問 45 漏えい時の措置に関する記述について、最も適当な物質の組合せを下表から一つ選べ。
　　なお、漏えいした場所の周辺にはロープを張るなどして人の立ち入りを禁止する、作業の際には保護具を着用する、風下で作業しないなどの措置を行っているものとする。

a　飛散したものは空容器にできるだけ回収し、そのあとを多量の水を用いて洗い流す。
b　飛散したものは空容器にできるだけ回収し、そのあとを硫酸ナトリウムの水溶液を用いて処理し、多量の水を用いて洗い流す。
c　漏えいした液は土砂等でその流れを止め、安全な場所に導き、できるだけ 空容器に回収し、そのあとを徐々に注水してある程度希釈した後、消石灰(水酸化カルシウム)等の水溶液で処理し、多量の水を用いて洗い流す。発生するガスは霧状の水をかけて吸収させる。

	a	b	c
1	硅弗化水素酸	硅弗化ナトリウム	硝酸バリウム
2	硅弗化ナトリウム	硝酸バリウム	硅弗化水素酸
3	硝酸バリウム	硅弗化水素酸	硅弗化ナトリウム
4	硝酸バリウム	硅弗化ナトリウム	硅弗化水素酸
5	硅弗化水素酸	硝酸バリウム	硅弗化ナトリウム

問 46 亜硝酸カリウムに関する記述について、正しいものを1～5から一つ選べ。

1　無色透明の油状の液体である。　　2　潮解性がある。
3　アルコールに易溶である。　　　　4　水に不溶である。
5　木材、食品の漂白に用いられる。

- 35 -

問 47 アニリンに関する記述について、正しいものを1～5から一つ選べ。

1 本品の水溶液にさらし粉を加えると黄色を呈する。
2 白色結晶性の粉末である。
3 空気に触れて赤褐色を呈する。
4 水に易溶である。
5 冷凍用寒剤に用いられる。

問 48 水酸化ナトリウムに関する記述について、正しいものの組合せを1～5から一つ選べ。

a 無色液体である。
b 水と二酸化炭素を吸収する性質が強い。
c 炎色反応は黄色を呈する。
d 水に難溶である。

1（a、b） 2（a、c） 3（b、c） 4（b、d） 5（c、d）

問 49 塩化亜鉛に関する記述について、正しいものの組合せを1～5から一つ選べ。

a 淡赤色結晶である。
b 潮解性がある。
c 本品の水溶液に硝酸銀を加えると、白色の硝酸亜鉛が沈殿する。
d アルコールに可溶である。

1（a、b） 2（a、c） 3（b、c） 4（b、d） 5（c、d）

問 50 蓚酸の識別方法に関する記述について、正しいものを1～5から一つ選べ。

1 本品の水溶液にさらし粉を加えると黄色を呈する。
2 本品の希釈水溶液に塩化バリウムを加えると白色の沈殿を生ずるが、この沈殿は塩酸や硝酸に溶けない。
3 本品の水溶液に硝酸バリウムを加えると白色沈殿を生ずる。
4 本品の水溶液にアンモニア水を加えると紫色の蛍石彩を放つ。
5 本品の水溶液は過マンガン酸カリウム溶液の赤紫色を消す。

（農業用品目）

問 36 次の製剤について、劇物に該当するものの正しい組合せを1～5から一つ選べ。

a O －エチル－O －（2 －イソプロポキシカルボニルフエニル）－ N －イソプロピルチオホスホルアミド（別名イソフエンホス）5 ％を含有する製剤
b アバメクチン5 ％を含有する製剤
c エチレンクロルヒドリン5 ％を含有する製剤
d エチルパラニトロフエニルチオノベンゼンホスホネイト（別名 EPN）5 ％を含有する製剤

1（a、b） 2（a、c） 3（b、c） 4（b、d） 5（c、d）

問 37 次の毒物又は劇物について、毒物劇物農業用品目販売業者が販売できるものの正しい組合せを1～5から一つ選べ。

a チオセミカルバジド   b ペンタクロルフエノール（別名 PCP）
c 硫酸   d ニコチン

1（a、b） 2（a、c） 3（b、c） 4（b、d） 5（c、d）

問 38　次の物質とその廃棄方法の組合せとして、不適切なものを 1 ～ 5 から一つ選べ。

	物質	廃棄方法
1	2 －イソプロピル－ 4 －メチルピリミジル－ 6 －ジエチルチオホスフエイト（別名ダイアジノン）	木粉(おが屑)等に吸収させてアフターバーナー及びスクラバーを具備した焼却炉で焼却する。
2	エチレンクロルヒドリン	可燃性溶剤とともに、スクラバーを具備した焼却炉で焼却する。
3	燐化亜鉛	多量の次亜塩素酸ナトリウムと水酸化ナトリウムの混合水溶液を攪拌しながら少量ずつ加えて酸化分解する。過剰の次亜塩素酸ナトリウムをチオ硫酸ナトリウム水溶液等で分解した後、希硫酸を加えて中和し、沈殿ろ過して埋立処分する。
4	塩素酸ナトリウム	酸化剤の水溶液の中に少量ずつ投入した後、多量の水で希釈して処理する。
5	アンモニア	水で希薄な水溶液とし、希塩酸などで中和した後、多量の水で希釈して処理する。

問 39　ロテノンの貯蔵方法として、最も適当なものを 1 ～ 5 から一つ選べ。

　　1　常温では気体なので、圧縮冷却して液化し、圧縮容器に入れ、冷暗所に貯蔵する。
　　2　水分の混入や火気を避け、通常石油中に貯蔵する。
　　3　炭酸ガスを吸収する性質が強いので、密栓して貯蔵する。
　　4　酸素によって分解し、効力を失うので、空気と光を遮断して貯蔵する。
　　5　空気や光に触れると赤変するので、遮光して貯蔵する。

問 40　シアン化ナトリウムの貯蔵方法及び廃棄方法に関する記述について、正しいものの組合せを 1 ～ 5 から一つ選べ。

　　a　酸類とは離して、空気の流通のよい乾燥した冷所に密封して貯蔵する。
　　b　揮発性が強く窒息性、刺激臭のある液体であるため、ガラス密閉容器に貯蔵する。
　　c　水に溶かし、希硫酸を加えて酸性にし、多量の水で希釈して廃棄する。
　　d　水酸化ナトリウム水溶液等でアルカリ性とし、高温加圧下で加水分解して廃棄する。

　　1（a 、c）　　2（a 、d）　　3（b 、c）　　4（b 、d）　　5（c 、d）

問 41　トランス－ N －（ 6 －クロロ－ 3 －ピリジルメチル）－ N'－シアノ－ N －メチルアセトアミジン（別名アセタミプリド）に関する記述について、正しいものの組合せを 1 ～ 5 から一つ選べ。

　　a　特異臭のある無色の液体である。
　　b　アセトン、エタノール、クロロホルム等の有機溶媒に可溶である。
　　c　果菜類のアブラムシ類などの害虫に有効なネオニコチノイド系殺虫剤である。
　　d　眼や皮膚に対する刺激性が強い。

　　1（a 、b）　　2（a 、c）　　3（b 、c）　　4（b 、d）　　5（c 、d）

問42　1・1'－イミノジ(オクタメチレン)ジグアニジン(別名イミノクタジン)に
関する記述の正誤について、正しい組合せを下表から一つ選べ。

a　三酢酸塩の場合、黄色粉末である。
b　果樹の腐らん病、麦類の斑葉病等に用いる殺菌剤である。
c　嚥下吸入した場合、胃及び肺で胃酸や水と反応してホス
フィンを生成し中毒を起こす。

	a	b	c
1	誤	正	誤
2	誤	誤	正
3	正	誤	正
4	正	正	誤
5	誤	正	正

問43　次の記述について、(　)の中に入れるべき字句の正しい組合せを下表から一つ
選べ。

3－ジメチルジチオホスホリルーS－メチルー5－メトキシー1・3・4－チア
ジアゾリンー2－オン(別名メチダチオン、DMTP)は、(　a　)の結晶で、水に難溶
である。　果樹の(　b　)などの防除に用いられる(　c　)殺虫剤である。

	a	b	c
1	灰白色	ハダニ類	有機燐系
2	赤褐色	ハダニ類	カーバメート系
3	灰白色	カイガラムシ類	カーバメート系
4	赤褐色	カイガラムシ類	カーバメート系
5	灰白色	カイガラムシ類	有機燐系

問44　次の記述に該当する物質について、最も適当なものを1～5から一つ選べ。

白色の結晶性粉末。粉剤として除草に用いる。

1　2－チオ－3・5－ジメチルテトラヒドロ－1・3・5－チアジアジン
(別名ダゾメット)
2　ジメチル－(N－メチルカルバミルメチル)－ジチオホスフェイト
(別名ジメトエート)
3　2・2'－ジピリジリウム－1・1'－エチレンジブロミド(別名ジクワット)
4　2－ジフェニルアセチル－1・3－インダンジオン(別名ダイファシノン)　5
ジエチル－S－(エチルチオエチル)－ジチオホスフェイト
(別名エチルチオメトン、ジスルホトン)

問45　次の記述に該当する物質について、最も適当なものを1～5から一つ選べ。

[毒性等]
激しい嘔吐、胃の疼痛、意識混濁、てんかん性痙攣、徐脈、チアノーゼが起こ
り、血圧が下降する。
毒性が強いため、特定毒物に指定されている。

1　2－イソプロピル－4－メチルピリミジル－6－ジエチルチオホスフェイト
(別名ダイアジノン)
2　モノフルオール酢酸ナトリウム
3　硫酸タリウム
4　ジメチル－2・2－ジクロルビニルホスフェイト(別名DDVP)
5　シアン化カリウム

問46 ～問50 次の物質について、正しい組合せを 1 ～ 5 から一つ選べ。

問46 塩化亜鉛（別名クロル亜鉛）

	性状	溶解性	その他特徴
1	褐色結晶	水に難溶	風解性
2	白色結晶	水に可溶	潮解性
3	白色結晶	水に難溶	風解性
4	褐色結晶	水に可溶	潮解性
5	白色結晶	水に可溶	風解性

問47 エチルパラニトロフエニルチオノベンゼンホスホネイト（別名 EPN）

	溶解性	製剤の特徴	用途
1	水に可溶	無 臭	除草剤
2	水に難溶	不快臭	除草剤
3	水に難溶	不快臭	殺虫剤
4	水に可溶	不快臭	殺虫剤
5	水に可溶	無 臭	殺虫剤

問48 テトラエチルメチレンビスジチオホスフエイト（別名エチオン）

	性状	溶解性	その他特徴
1	液 体	水に可溶	不揮発性
2	固 体	水に不溶	揮発性
3	液 体	水に不溶	不揮発性
4	固 体	水に可溶	揮発性
5	液 体	水に不溶	揮発性

問49 硫酸タリウム

	性状	溶解性	用途
1	無色液体	水に可溶	殺鼠剤
2	無色液体	水に難溶、熱水に可溶	殺虫剤
3	赤褐色結晶	水に難溶、熱水に可溶	殺鼠剤
4	無色結晶	水に難溶、熱水に可溶	殺鼠剤
5	無色結晶	水に可溶	殺虫剤

問50 ヘキサクロルヘキサヒドロメタノベンゾジオキサチエピンオキサイド
　　　（別名エンドスルファン、ベンゾエピン）

	性状	溶解性	その他特徴
1	無色液体	水に不溶	水質汚濁性
2	無色液体	水に可溶	土壌残留性
3	黄色結晶	水に不溶	土壌残留性
4	白色結晶	水に可溶	水質汚濁性
5	白色結晶	水に不溶	水質汚濁性

（特定品目）

問 36 次の製剤について、劇物に該当するものを1～5から一つ選べ。

1 塩化水素5％を含有する製剤
2 過酸化水素10％を含有する製剤
3 メタノール5％を含有する製剤
4 水酸化カルシウム10％を含有する製剤
5 硝酸10％を含有する製剤

問 37 次の物質について、劇物に該当しないものを1～5から一つ選べ。

1 硅弗化ナトリウム　　　2 酸化鉛　　　3 重クロム酸ナトリウム
4 メチルエチルケトン　　5 酢酸メチル

問 38 クロロホルムに関する記述について、誤っているものを1～5から一つ選べ。

1 無色の液体で特異臭を有する。
2 空気中で日光の作用を受けると分解して、塩素、塩化水素、ホスゲン等を生成する。
3 強い麻酔作用がある。
4 貯蔵は冷暗所で行い、変質を避けるために少量の酸を添加する。
5 廃棄する場合は、過剰の可燃性溶剤又は重油等の燃料とともに、アフター バーナー及びスクラバーを具備した焼却炉の火室へ噴霧してできるだけ高温で焼却する。

問 39 ホルムアルデヒド水溶液(ホルマリン)の廃棄方法に関する記述について、（ ）に入れるべき字句の正しい組合せを下表から一つ選べ。

ア 多量の水を加えて希薄な水溶液とした後、(a)を加えて分解させ廃棄する。
イ 水酸化ナトリウム水溶液等でアルカリ性とし、(b)を加えて分解させ、多量の水で希釈して処理する

	a	b
1	塩化アンモニウム水溶液	次亜塩素酸塩水溶液
2	次亜塩素酸塩水溶液	塩化アンモニウム水溶液
3	過酸化水素水	次亜塩素酸塩水溶液
4	次亜塩素酸塩水溶液	過酸化水素水
5	塩化アンモニウム水溶液	過酸化水素水

問 40 水酸化ナトリウムに関する記述について、誤っているものを1～5から一つ選べ。

1 腐食性が強いので、皮膚に触れると激しく侵す。
2 水や酸素を吸収する性質が強いため、密栓して貯蔵する。
3 本品の水溶液は、アルカリ性を示す。
4 本品の水溶液は、アルミニウムを腐食して水素ガスを発生させる。
5 廃棄する場合は、水を加えて希薄な水溶液とし、酸で中和させた後、多量の水で希釈して処理する。

問 41 塩化水素と四塩化炭素の廃棄方法について、正しい組合せを下表から一つ選べ。

	塩化水素	四塩化炭素
1	還元法	燃焼法
2	還元法	中和法
3	中和法	燃焼法
4	中和法	沈殿法
5	沈殿法	中和法

問 42 酢酸エチルの性状について、最も適当なものを1～5から一つ選べ。

1 無色で果実のような香りのある可燃性の液体である。
2 無色で麻酔性の香気とかすかな甘味を有する不燃性の液体である。
3 特有の刺激臭を有する無色の気体である。
4 無色透明で刺激臭を有する発煙性の液体である。
5 芳香族炭化水素特有の臭いを有する無色の液体である。

問 43 トルエンの貯蔵方法に関する記述の正誤について、正しい組合せを下表から一つ選べ。

a　ガラスを侵す性質があるため、ポリエチレン容器で貯蔵する。
b　引火しやすく、またその蒸気は空気と混合して爆発性混合ガスとなるので、火気に近づけないよう貯蔵する。
c　少量のアルコールを加えて密栓し、常温で貯蔵する。

	a	b	c
1	正	誤	誤
2	誤	誤	正
3	正	誤	正
4	正	正	正
5	誤	正	誤

問 44 ホルムアルデヒド水溶液(ホルマリン)に関する記述について、<u>誤っているもの</u>を1～5から一つ選べ。

1 空気中の酸素によって一部酸化され、酢酸を生じる。
2 催涙性のある無色透明な液体で、刺激臭を有する。
3 アンモニア水を加え、さらに硝酸銀を加えると銀を析出する。
4 フェーリング溶液と熱すると、赤色の沈殿を生じる。
5 中性又は弱酸性を示す。

問 45 水酸化カリウムの性状に関する記述の正誤について、正しい組合せを下表から一つ選べ。

a　白色の固体である。
b　炎色反応は黄色を呈する。
c　潮解性がある。

	a	b	c
1	正	正	誤
2	正	誤	正
3	正	誤	誤
4	誤	正	正
5	誤	誤	正

問 46　塩素に関する記述について、誤っているものを1～5から一つ選べ。
1　黄緑色の気体で、水にわずかに溶ける。
2　可燃性を有する。
3　アセチレンと爆発的に反応する。
4　多量に吸入した場合は、重篤な症状が起こる。
5　廃棄する場合は、多量のアルカリ水溶液中に吹き込んだ後、多量の水で希釈して処理する。

問 47　物質の性状に関する記述の正誤について、正しい組合せを下表から一つ選べ。
a　四塩化炭素は、水に難溶でエーテル、クロロホルムに可溶であり、可燃性の無色の液体である。
b　メタノールは、特異な香気を有し、水、クロロホルム、エーテルと任意の割合で混和する。
c　キシレンは、無色透明の液体であるが、パラキシレンは、冬季に固結することがある。

	a	b	c
1	誤	正	誤
2	正	誤	誤
3	誤	正	正
4	誤	誤	正
5	正	正	誤

問 48　次の記述について、正しいものの組合せを1～5から一つ選べ。
a　濃硫酸は比重が極めて大きく、ショ糖や木片に触れると炭化・黒変させ、銅片を加えて熱すると無水硫酸を生成する。
b　硫酸の希釈水溶液に塩化バリウムを加えると白色の沈殿を生じるが、この沈殿は硝酸に不溶である。
c　蓚酸の水溶液は、過マンガン酸カリウム溶液の赤紫色を消す。
d　蓚酸の水溶液をアンモニア水で弱アルカリ性にして塩化カルシウムを加えると、赤色を呈する。

1（a、b）　2（a、c）　3（b、c）　4（b、d）　5（c、d）

問 49　クロム酸塩の水溶液に関する記述の正誤について、正しい組合せを下表から一つ選べ。
a　硝酸バリウムの添加で、赤色の沈殿を生じる。
b　酢酸鉛の添加で、黄色の沈殿を生じる。
c　硝酸銀の添加で、赤褐色の沈殿を生じる。

	a	b	c
1	正	正	誤
2	正	誤	正
3	正	誤	誤
4	誤	正	正
5	誤	誤	正

問 50　次の記述について、正しいものの組合せを1～5から一つ選べ。
a　酸化第二水銀は、赤色又は黄色の粉末で、水、酸、アルカリに難溶である。
b　アンモニアは、水に可溶であるが、エーテルには不溶である。
c　塩化水素は、湿った空気中で激しく発煙する。
d　過酸化水素水は、過マンガン酸カリウムを還元する。

1（a、b）　2（a、c）　3（b、c）　4（b、d）　5（c、d）

関西広域連合統一共通〔滋賀県、京都府、大阪府、和歌山県、兵庫県、徳島県〕

〔毒物及び劇物の性質及び貯蔵 その他取扱方法、識別〕

【令和２年度実施】

○「毒物及び劇物の廃棄の方法に関する基準」及び「毒物及び劇物の運搬事故時における応急措置に関する基準」は、それぞれ厚生省(現厚生労働省)から通知されたものをいう。

(一般)

問 36 次の物質のうち、毒物に該当するものを１～５から一つ選べ。

1 亜硝酸メチル
2 亜硝酸イソプロピル
3 亜硝酸エチル
4 亜硝酸イソブチル
5 亜硝酸イソペンチル

問 37 次の製剤のうち、劇物に該当するものの正しい組合せを１～５から一つ選べ。

a 過酸化ナトリウム 10 ％を含む製剤
b 亜塩素酸ナトリウム 10 ％を含む製剤
c 水酸化ナトリウム 10 ％を含む製剤
d アジ化ナトリウム 10 ％を含む製剤

1 (a、b) 2 (a、c) 3 (a、d) 4 (b、d) 5 (c、d)

問 38 弗化水素酸の貯蔵方法として、最も適切なものを１～５から一つ選べ。

1 少量ならば褐色ガラス瓶、多量ならばカーボイなどを使用し、３分の１の空間を保って貯蔵する。一般に安定剤として少量の酸類の添加は許容される。
2 少量ならば共栓ガラス瓶を用い、多量ならばブリキ缶を使用し、木箱に入れて貯蔵する。引火性物質を遠ざけて、通風のよい冷所におく。
3 銅、鉄、コンクリートまたは木製のタンクにゴム、鉛、ポリ塩化ビニルあるいはポリエチレンのライニングをほどこしたものに貯蔵する。
4 色ガラス瓶に入れて冷暗所に貯蔵する。
5 少量ならばガラス瓶、多量ならばブリキ缶又は鉄ドラム缶を用い、酸類とは離して風通しの良い乾燥した冷所に密栓して貯蔵する。

問 39 「毒物及び劇物の廃棄の方法に関する基準」に記載されている、クロルスルホン酸の廃棄方法として、最も適切なものを１～５から一つ選べ。

1 多量の水を加えて希薄な水溶液とした後、次亜塩素酸塩水溶液を加えて分解させ廃棄する。
2 多量のアルカリ水溶液(石灰乳又は水酸化ナトリウム水溶液等)中に吹き込んだ後、多量の水で希釈して処理をする。
3 可燃性溶剤と共にアフターバーナー及びスクラバーを具備した焼却炉の火室へ噴霧し焼却する。
4 耐食性の細い導管よりガス発生がないように少量ずつ、多量の水中深く流す装置を用い希釈してからアルカリ水溶液で中和して処理をする。
5 次亜塩素酸ナトリウム水溶液と水酸化ナトリウムの混合溶液を撹拌しながら、これに滴下し、酸化分解させた後、多量の水で希釈して処理をする。

問 40 ブロムメチルに関する記述の正誤について、正しい組合せを下表から一つ選べ。

a 少量ならばガラス瓶に密栓し、大量ならば木樽に入れる。
b 吸入した場合は、吐き気、嘔吐、頭痛、歩行困難、痙攣、視力障害、瞳孔拡大等の症状を起こすことがある。
c 「毒物及び劇物の廃棄の方法に関する基準」に記載されている廃棄方法は、可燃性溶剤と共に、スクラバーを具備した焼却炉の火室へ噴霧し焼却する。

	a	b	c
1	正	誤	誤
2	誤	誤	正
3	誤	正	誤
4	正	正	誤
5	誤	正	正

問 41 クロルメチルの常温、常圧での性状及び用途（過去の代表的な用途を含む）について、正しい組合せを下表から一つ選べ。

	性状（常温、常圧）	用途
1	無色透明の液体	煙霧剤
2	無色の気体	煙霧剤
3	黄色の液体	煙霧剤
4	無色透明の液体	殺菌剤
5	無色の気体	殺菌剤

問 42 2・2'－ジピリジリウム－1・1'－エチレンジブロミド（別名ジクワット）の溶解性及び用途について、正しい組合せを下表から一つ選べ。

	溶解性	用途
1	水に不溶	土壌燻蒸剤
2	水に可溶	土壌燻蒸剤
3	水に不溶	除草剤
4	水に可溶	除草剤
5	水に不溶	殺菌剤

問 43 ニコチンの性状及び毒性に関する記述について、（　）の中に入れるべき字句の正しい組合せを下表から一つ選べ。

　ニコチン（純品）は常温で無色の（　a　）であり、空気に触れると（　b　）になる。また神経毒を（　c　）。

	a	b	c
1	固体	褐色	有する
2	油状液体	白色	有していない
3	油状液体	褐色	有する
4	固体	白色	有していない
5	油状液体	褐色	有していない

問 44 次の劇物と皮膚に触れた場合の毒性に関する記述の正誤について、正しい組合せを下表から一つ選べ。

	劇物		毒性
a	カリウムナトリウム合金	―	皮膚に触れるとやけど(熱傷と薬傷)を起こすことがある。
b	塩素	―	皮膚が直接液に触れるとしもやけ(凍傷)を起こすことがあるが、ガスによって皮膚が侵されることはない。
c	アニリン	―	皮膚に触れると、チアノーゼ、頭痛、めまい、吐き気などを起こすことがある。

	a	b	c
1	正	正	誤
2	誤	正	正
3	正	正	正
4	正	誤	正
5	誤	誤	誤

問 45 次の物質の飛散又は漏えい時の措置について、「毒物及び劇物の運搬事故時における応急措置に関する基準」に適合するものとして、最も適切な組合せを下表から一つ選べ。
　　なお、作業にあたっては、風下の人を避難させる、飛散漏えいした場所の周辺にはロープを張るなどして人の立入りを禁止する、作業の際には必ず保護具を着用する、風下で作業をしない、廃液が河川等に排出されないように注意する、付近の着火源となるものは速やかに取り除く、などの基本的な対応を行っているものとする。

　(物質名)アクロレイン、四弗化硫黄、砒素

a 多量の場合、漏えいした液は土砂等でその流れを止め、安全な場所に穴を掘るなどしてこれをためる。これに亜硫酸水素ナトリウム水溶液(約 10 %)を加え、時々撹拌して反応させた後、多量の水を用いて十分に希釈して洗い流す。この際蒸発した本物質が大気中に拡散しないよう霧状の水をかけて吸収させる。
b 漏えいしたボンベ等を多量の水酸化カルシウム(消石灰)水溶液中に容器ごと投入してガスを吸収させ、処理し、その処理液を多量の水で希釈して流す。
c 飛散したものは空容器にできるだけ回収し、そのあとを硫酸鉄(Ⅲ)(硫酸第二鉄)等の水溶液を散布し、水酸化カルシウム(消石灰)、炭酸ナトリウム(ソーダ灰)等の水溶液を用いて処理した後、多量の水を用いて洗い流す。

	a	b	c
1	アクロレイン	砒素	四弗化硫黄
2	砒素	アクロレイン	四弗化硫黄
3	四弗化硫黄	砒素	アクロレイン
4	四弗化硫黄	アクロレイン	砒素
5	アクロレイン	四弗化硫黄	砒素

問 46 無水クロム酸の性状に関する記述について、正しいものを 1 ～ 5 から一つ選べ。

1 風解性がある。　　　　　　　2 水に不溶である。
3 還元力を有する。　　　　　　4 暗赤色結晶である。
5 水溶液は強アルカリ性である。

問 47　沃化水素酸の識別方法に関する記述について、最も適切なものを 1 ～ 5 から一つ選べ。

1　木炭とともに熱すると、メルカプタンの臭気を放つ。
2　水溶液に硝酸銀溶液を加えると、淡黄色の沈殿を生じる。
3　水溶液に金属カルシウムを加え、これにベタナフチルアミン及び硫酸を加えると、赤色の沈殿を生じる。
4　水溶液に酒石酸を多量に加えると、白色結晶を生じる。
5　アルコール溶液に水酸化カリウム溶液と少量のアニリンを加えて熱すると、不快な刺激臭を放つ。

問 48　ベタナフトール(別名 2 －ナフトール、β －ナフトール)の識別方法に関する記述について、最も適切なものを 1 ～ 5 から一つ選べ。

1　水溶液にアンモニア水を加えると、紫色の蛍石彩を放つ。
2　水溶液は、過マンガン酸カリウム溶液の赤紫色を消す。
3　水溶液に硝酸バリウムを加えると、白色沈殿を生ずる。
4　水溶液にさらし粉を加えると、紫色を呈する。
5　希釈水溶液に塩化バリウムを加えると、白色の沈殿を生ずるが、 この沈殿は塩酸や硝酸に溶けない。

問 49　ホルムアルデヒド水溶液(ホルマリン)の識別方法に関する記述について、最も適切なものを 1 ～ 5 から一つ選べ。

1　フェーリング溶液とともに熱すると、赤色の沈殿を生成する。
2　白金線に試料をつけて溶融炎で熱すると、炎の色が青紫色になる。
3　アルコール性の水酸化カリウムと銅粉とともに煮沸すると、黄赤色の沈殿を生成する。
4　水溶液に過クロール鉄液(塩化鉄(Ⅲ)水溶液)を加えると紫色を呈する。
5　希硝酸に溶かすと無色の液となり、これに硫化水素を通すと、黒色の沈殿を生成する。

問 50　潮解性を示す物質の正しい組合せを 1 ～ 5 から一つ選べ。

a　硝酸銀　　　　　　b　クロロホルム　　　　c　亜硝酸カリウム
d　水酸化ナトリウム

1(a、b)　2(a、c)　3(b、c)　4(b、d)　5(c、d)

(農業用品目)

問 36　次の物質を含有する製剤の記述について、正しいものの組合せを 1 ～ 5 から一つ選べ。なお、市販品の有無は問わない。

a　ナラシンとして 10 ％を超えて含有する製剤は、毒物に該当する。
b　アバメクチン 1.8 ％を含有する製剤は劇物に該当しない。
c　S －メチル－N －[(メチルカルバモイル)-オキシ]-チオアセトイミデート(別名メトミル)45 ％を含有する製剤は、毒物に該当しない。
d　エマメクチンとして 2 ％を含有する製剤は、劇物に該当する。

1(a、b)　　2(a、c)　　3(b、c)　　4(b、d)　　5(c、d)

問 37　次の物質を含有する製剤の記述について、正しいものを1～5から一つ選べ。
　　　なお、市販品の有無は問わない。

1　メチル=N－[2－[1－(4－クロロフエニル)－1H－ピラゾール－3－イル
　　オキシメチル]フエニル](N－メトキシ)カルバマート(別名ピラクロストロビン
　　)20％を含有する製剤は、劇物に該当しない。
2　2－ジフエニルアセチル－1・3－インダンジオン(別名ダイファシノン)を
　　0.005％を超えて含有する製剤は、毒物に該当する。
3　1－(6－クロロ－3－ピリジルメチル)－N－ニトロイミダゾリジン－2－
　　イリデンアミン(別名イミダクロプリド)2％を含有する製剤(マイクロカプセル
　　製剤は除く)は、劇物に該当する。
4　S・S－ビス(1－メチルプロピル)=O－エチル=ホスホロジチオアート(別名カ
　　ズサホス)を10％を超えて含有する製剤は、劇物に該当する。
5　1・3－ジカルバモイルチオ－2－(N・N－ジメチルアミノ)－プロパン(別名
　　カルタップ)として2％を含有する製剤は、劇物に該当する

問 38　次の物質の貯蔵方法の記述について、最も適切なものの組合せを1～5から一
　　　つ選べ。

a　エチルパラニトロフエニルチオノベンゼンホスホネイト(別名EPN)は、常温
　　では気体なので、圧縮冷却して液化し、圧縮容器に入れ、直射日光、その他、温
　　度上昇の原因を避けて、冷暗所に貯蔵する。
b　燐化アルミニウムとその分解促進剤とを含有する製剤は、空気中の湿気に触れ
　　ると徐々に分解し有毒ガスを発生するので、密閉容器に貯蔵する。
c　アンモニア水は、アンモニアが揮発しやすいので密栓して貯蔵する。
d　ブロムメチルは、少量ならばガラス瓶、多量であればブリキ缶または鉄ドラム
　　缶を用い、酸類とは離して、空気の流通のよい乾燥した冷所に密封して貯蔵する。

1(a、b)　2(a、c)　3(b、c)　4(b、d)　5(c、d)

問 39　次の物質の廃棄方法の記述について、「毒物及び劇物の廃棄の方法に関する基
　　　準」に記載されている方法の組合せを1～5から一つ選べ。

a　硫酸は、多量の水の中に加え、希釈して活性汚泥で処理する。
b　燐化亜鉛は、多量の次亜塩素酸ナトリウムと水酸化ナトリウムの混合水溶液を
　　撹拌しながら少量ずつ加えて酸化分解する。過剰の次亜塩素酸ナトリウムをチオ
　　硫酸ナトリウム水溶液等で分解した後、希硫酸を加えて中和し、沈殿ろ過して埋
　　立処分する。
c　S-メチル-N-[(メチルカルバモイル)-オキシ]-チオアセトイミデート(別名メ
　　トミル)は、希塩酸水溶液と加温して加水分解する。
d　硫酸第二銅は、水に溶かし、消石灰(水酸化カルシウム)、ソーダ灰(炭酸ナト
　　リウム)等の水溶液を加えて処理し、沈殿ろ過して埋立処分する。

1(a、b)　2(a、c)　3(b、c)　4(b、d)　5(c、d)

問 40　次の物質の廃棄方法の記述について、「毒物及び劇物の廃棄の方法に関する基準」に記載されている方法の組合せを1～5から一つ選べ。

　　a　塩素酸カリウムは、水酸化ナトリウム水溶液を加えてアルカリ性(pH11 以上)とし、酸化剤(次亜塩素酸ナトリウム、さらし粉等)の水溶液を加えて酸化分解する。分解後は硫酸を加えて中和させた後、多量の水で希釈して処理する。

　　b　ジメチル-2・2-ジクロルビニルホスフエイト(別名 DDVP)は、水を加えて希薄な水溶液とし、酸(希塩酸、希硫酸など)で中和させた後、多量の水で希釈して処理する。

　　c　クロルピクリンは、少量の界面活性剤を加えた亜硫酸ナトリウムと炭酸ナトリウムの混合溶液中で、撹拌し分解させた後、多量の水で希釈して処理する。

　　d　2-イソプロピル-4-メチルピリミジル-6-ジエチルチオホスフエイト(別名ダイアジノン)は、可燃性溶剤とともにアフターバーナー及びスクラバーを具備した焼却炉の火室へ噴霧し、焼却する。

　　1(a、b)　　2(a、c)　　3(a、d)　　4(b、c)　　5(c、d)

問 41　ジエチル-(5-フエニル-3-イソキサゾリル)-チオホスフエイト(別名イソキサチオン)に関する記述について、正しいものの組合せを1～5から一つ選べ。

　　a　淡黄褐色の液体である。
　　b　水に溶けやすく、有機溶剤にもよく溶ける。
　　c　みかん、稲、野菜、茶などの害虫の駆除に用いる。
　　d　中毒時の解毒剤は、チオ硫酸ナトリウムである。

　　1(a、b)　　2(a、c)　　3(a、d)　　4(b、c)　　5(b、d)

問 42　クロルピクリンに関する記述の正誤について、正しい組合せを下表から一つ選べ。

　　a　土壌病原菌、センチュウ等の駆除のため、土壌燻蒸剤として使用する。
　　b　吸入した場合、気管支を刺激してせきや鼻汁が出る。多量に吸入すると、胃腸炎、肺炎、尿に血が混じる、悪心、呼吸困難、肺水腫を起こす。
　　c　無臭の褐色液体である。

	a	b	c
1	正	誤	誤
2	誤	誤	正
3	誤	正	誤
4	正	正	誤
5	誤	正	正

問 43　S-メチル-N-[(メチルカルバモイル)-オキシ]-チオアセトイミデート(別名メトミル)に関する記述について、(　)の中に入れるべき字句の正しい組合せを下表から一つ選べ。

　　(　a　)色の結晶固体で、水に可溶である。(　b　)に用いられ、カーバメート系化合物であるため、中毒時の解毒剤は(　c　)の製剤である。

	a	b	c
1	赤	除草剤	硫酸アトロピン
2	白	殺虫剤	PAM ※
3	白	殺虫剤	硫酸アトロピン
4	白	除草剤	PAM ※
5	赤	除草剤	PAM ※

　　※2-ピリジルアルドキシムメチオダイドの別名

問 44　飛散又は漏えい時の措置について、「毒物及び劇物の運搬事故時における応急措置に関する基準」に適合するものとして、最も当てはまる物質を1～5から一つ選べ。なお、作業にあたっては、風下の人を避難させる、飛散漏えいした場所の周辺にはロープを張るなどして人の立入りを禁止する、作業の際には必ず保護具を着用する、風下で作業をしない、廃液が河川等に排出されないように注意する、付近の着火源となるものは速やかに取り除く、などの基本的な対応を行っているものとする。

　　　飛散したものは空容器にできるだけ回収する。砂利などに付着している場合は、砂利などを回収し、そのあとに水酸化ナトリウム、ソーダ灰(炭酸ナトリウム)等の水溶液を散布してアルカリ性(pH11以上)とし、さらに酸化剤(次亜塩素酸ナトリウム、さらし粉等)の水溶液で酸化処理を行い、多量の水を用いて洗い流す。

1　アンモニア水
2　エチルパラニトロフエニルチオノベンゼンホスホネイト(別名EPN)
3　燐化亜鉛
4　シアン化ナトリウム
5　ブロムメチル

問 45　2－クロルエチルトリメチルアンモニウムクロリド(別名クロルメコート)の用途に関する記述として、最も当てはまるものを1～5から一つ選べ。

1　水稲のイネミズゾウムシ等の殺虫に用いる。
2　野菜のネコブセンチュウ等の防除に用いる。
3　有機燐系殺菌剤として用いる。
4　飼料に栄養成分の補給を目的として添加する。
5　植物成長調整剤として用いる。

問 46～問 50　次の物質について、正しい組合せを1～5から一つ選べ。

問 46　S・S－ビス(1－メチルプロピル)=O －エチル=ホスホロジチオアート
　　　(別名カズサホス)

	性状	溶解性	その他特徴
1	淡黄色固体	水に難溶	ニンニク臭
2	褐色固体	水に易溶	ニンニク臭
3	白色固体	水に易溶	硫黄臭
4	淡黄色液体	水に難溶	硫黄臭
5	黒色液体	水に難溶	アルコール臭

問 47　1・1'－ジメチル－4・4'－ジピリジニウムジクロリド(別名パラコート)

	性状	溶解性	その他特徴
1	アルカリ性では安定	水に可溶	土壌に強く吸着されて活性化する
2	アルカリ性では不安定	水に可溶	土壌に強く吸着されて不活性化する
3	アルカリ性では安定	水に不溶	土壌に強く吸着されて不活性化する
4	アルカリ性では安定	水に不溶	土壌に強く吸着されて活性化する
5	アルカリ性では不安定	水に不溶	土壌に強く吸着されて活性化する

問48 塩素酸ナトリウム

	性状	溶解性	その他特徴
1	白(無)色結晶	水に可溶	潮解性
2	白(無)色結晶	水に不溶	風解性
3	褐色結晶	水に不溶	潮解性
4	褐色結晶	水に可溶	風解性
5	黒色結晶	水に不溶	風解性

問49 ２・３・５・６－テトラフルオロ－４－メチルベンジル＝(Z)－(1RS・3RS)－３-(２－クロロ－３・３・３－トリフルオロ－１－プロペニル)－２・２－ジメチルシクロプロパンカルボキシラート(別名テフルトリン)

	性状	溶解性	その他特徴
1	固体	水に難溶	眼刺激性
2	液体	水に難溶	金属腐食性
3	液体	水に易溶	眼刺激性
4	固体	水に易溶	金属腐食性
5	固体	水に易溶	眼刺激性

問50 ジメチル－４－メチルメルカプト－３－メチルフエニルチオホスフエイト
(別名フェンチオン、MPP)

	性状	溶解性	その他特徴
1	液体	水に易溶	弱いアルコール臭
2	液体	水に易溶	強いエーテル臭
3	固体	水に易溶	強いホルマリン臭
4	固体	水に不溶(難溶)	無臭
5	液体	水に不溶(難溶)	弱いニンニク臭

（特定品目）

問36 次の物質について、劇物に該当しないものを１～５から一つ選べ。

1 重クロム酸塩類及びこれを含有する製剤
2 水酸化カルシウム及びこれを含有する製剤
3 クロム酸塩類及びこれを含有する製剤。ただし、クロム酸鉛 70 ％以下を含有するものを除く
4 硫酸及びこれを含有する製剤。ただし、硫酸 10 ％以下を含有するものを除く
5 酸化水銀５％以下を含有する製剤

問 37　次の物質の「毒物及び劇物の廃棄の方法に関する基準」に記載されている廃棄
方法について、誤っているものを1～5から一つ選べ。

1	硝酸	徐々にソーダ灰(炭酸ナトリウム)または消石灰(水酸化カルシウム)の撹拌溶液に加えて中和させたのち、多量の水で希釈して処理する。消石灰(水酸化カルシウム)の場合は上澄液のみを流す。
2	過酸化水素	希薄な水溶液にしたのち、次亜塩素酸塩水溶液を加えて分解する。
3	四塩化炭素	過剰の可燃性溶剤又は重油等の燃料と共にアフターバーナー及びスクラバーを具備した焼却炉の火室へ噴霧してできるだけ高温で焼却する。
4	塩素	多量のアルカリ水溶液(石灰乳又は水酸化ナトリウム水溶液等)中に吹き込んだ後、多量の水で希釈して処理する。
5	トルエン	ケイソウ土等に吸収させて開放型の焼却炉で少量ずつ焼却する。

問 38　メタノールに関する記述について、誤っているものを1～5から一つ選べ。
1　水とは任意の割合で混和する。
2　あらかじめ熱灼した酸化銅を加えると、酸化銅は還元されて金属銅色を呈する。
3　粘性のある、不揮発性の液体である。
4　高濃度の蒸気に長時間暴露された場合、失明することがある。
5　「毒物及び劇物の廃棄の方法に関する基準」に記載されている方法で、廃棄する場合は燃焼法による。

問 39　硝酸に関する記述について、誤っているものを1～5から一つ選べ。
1　空気に接すると白霧を発し、水を吸収する性質が強い。
2　ニトログリセリン等の爆薬の製造に用いられる。
3　金、白金その他白金族の金属を除く諸金属を溶解する。
4　極めて純粋な硝酸は、無色透明の結晶である。
5　強い硝酸が皮膚に触れると、気体を生成して、組織ははじめ白く、次第に深黄色となる。

問 40　次の物質の貯蔵方法や取扱上の注意事項に関する記述について、正しい組合せを下表から一つ選べ。

(物質名)塩化水素、過酸化水素水、硅弗化ナトリウム、水酸化カリウム

a　吸湿すると大部分の金属やコンクリートを腐食する。
b　少量ならば褐色ガラス瓶、大量ならばカーボイなどを使用し、3分の1の空間を保って貯蔵する。一般に安定剤として少量の酸類の添加は許容されている。
c　二酸化炭素と水を強く吸収するため、密栓をして貯蔵する。
d　火災等で強熱されると有毒なガスを発生する。

	塩化水素	過酸化水素水	硅弗化ナトリウム	水酸化カリウム
1	c	a	b	d
2	d	c	a	b
3	c	b	d	a
4	b	d	c	a
5	a	b	d	c

問 41 アンモニアの性状等について、正しいものを1〜5から一つ選べ。

1 常温で窒息性臭気をもつ黄緑色の気体である。
2 特有の刺激臭のある無色の気体で、酸素中では黄色の炎をあげて燃える。
3 無色揮発性で麻酔性の特有の香気とかすかな甘味を有する液体である。
4 刺激臭のある揮発性赤褐色の液体である。
5 無色の刺激臭のある液体である。

問 42 二酸化鉛に関する記述の正誤について、正しい組合せを下表から一つ選べ。

a アルコールに溶ける。
b 電池の製造に使われる。
c 茶褐色の粉末で、水に不溶である。

	a	b	c
1	正	正	誤
2	誤	誤	正
3	正	誤	誤
4	誤	正	正
5	誤	正	誤

問 43 重クロム酸カリウムの用途(過去の代表的な用途を含む)として、正しいものを1〜5から一つ選べ。

1 洗濯剤、溶剤、洗浄剤に用いられる。
2 農薬、釉薬、防腐剤に用いられる。
3 工業用の酸化剤や媒染剤、顔料原料、製革や電気めっきに用いられる。
4 漂白剤、殺菌剤に用いられる。
5 フィルムの硬化、人造樹脂の製造に用いられる。

問 44 次の物質の飛散又は漏えい時の措置について、「毒物及び劇物の運搬事故時における応急措置に関する基準」に適合するものとして、最も適切な組合せを下表から一つ選べ。
なお、作業にあたっては、風下の人を避難させる、飛散漏えいした場所の周辺にはロープを張るなどして人の立入りを禁止する、作業の際には必ず保護具を着用する、風下で作業をしない、廃液が河川等に排出されないように注意する、付近の着火源となるものは速やかに取り除く、などの基本的な対応を行っているものとする。

(物質名)塩素、重クロム酸塩類、水酸化ナトリウム、トルエン

a 少量の場合、漏えい箇所や漏えいした液には、消石灰(水酸化カルシウム)を十分に散布して吸収させる。
b 少量の場合、漏えいした液は多量の水を用いて十分に希釈して洗い流す。
c 飛散したものは空容器にできるだけ回収し、そのあとを還元剤(硫酸第一鉄等)の水溶液を散布し、消石灰(水酸化カルシウム)、ソーダ灰(炭酸ナトリウム)等の水溶液で処理したのち、多量の水で洗い流す。
d 多量の場合、漏えいした液は、土砂などでその流れを止め、安全な場所に導き、液の表面を泡で覆いできるだけ空容器に回収する。

	a	b	c	d
1	トルエン	塩素	重クロム酸塩類	水酸化ナトリウム
2	重クロム酸塩類	水酸化ナトリウム	塩素	トルエン
3	水酸化ナトリウム	トルエン	塩素	重クロム酸塩類
4	塩素	水酸化ナトリウム	重クロム酸塩類	トルエン
5	塩素	重クロム酸塩類	トルエン	水酸化ナトリウム

問 45 酢酸エチルの用途と毒性について、正しい組合せを下表から一つ選べ。

	用途	毒性
1	香料、有機合成原料	皮膚に触れた場合、皮膚が激しく腐食される。
2	香料、酸化剤	皮膚に触れた場合、皮膚が激しく腐食される。
3	燃料、有機合成原料	皮膚に触れた場合、皮膚が激しく腐食される。
4	燃料、酸化剤	吸入した場合、短時間の興奮期を経て、麻酔状態に陥ることがある。
5	香料、有機合成原料	吸入した場合、短時間の興奮期を経て、麻酔状態に陥ることがある。

問 46 次の記述について、（　）の中に入れるべき物質名の正しい組合せを下表から一つ選べ。

（ a ）は、注意して加熱すると昇華し、急速に加熱すると分解する。
（ b ）は引火しやすいので、静電気に対する対策も十分に考慮する。
高濃度の（ c ）は、有機物と接触すると発火することがある。
（ d ）は、酸素中で燃焼すると主に窒素と水が生成する。

	a	b	c	d
1	蓚酸	トルエン	アンモニア	硝酸
2	トルエン	アンモニア	硝酸	蓚酸
3	硝酸	アンモニア	塩酸	トルエン
4	蓚酸	トルエン	硝酸	アンモニア
5	トルエン	アンモニア	塩酸	蓚酸

問 47 次の記述について、正しいものの組合せを 1 ～ 5 から一つ選べ。
a　硅弗化ナトリウムの性状は、白色の結晶である。
b　水酸化カリウムは、アンモニア水に易溶である。
c　蓚酸二水和物は、無色の結晶である。
d　一酸化鉛は、酸及びアルカリに不溶である。

　1（a、b）　　2（a、c）　　3（b、c）　　4（b、d）　　5（c、d）

問 48 次の記述について、正しいものの組合せを 1 ～ 5 から一つ選べ。
a　塩化水素は、常温、常圧において無色の刺激臭を有する気体。湿った空気中で激しく発煙する。
b　アンモニアは、特有の刺激臭のある気体であるが、圧縮すると常温でも液化する。
c　塩素は、常温において窒息性臭気を有する無色の気体である。
d　ホルマリンは、無色透明で無臭の液体である。

　1（a、b）　　2（a、d）　　3（b、c）　　4（b、d）　　5（c、d）

問49　次の記述について、正しいものの組合せを1～5から一つ選べ。

　　a　メチルエチルケトンは、無色の液体で、蒸気は空気より重く引火しやすい。
　　b　純粋なクロロホルムは、空気中で日光により分解するが、少量のアルコールを
　　　添加すると分解を防ぐことができる。
　　c　ホルマリンは、混濁を防ぐため低温で貯蔵する。
　　d　メタノールにサリチル酸と濃硫酸を加えて熱すると、分解して酢酸と二酸化炭
　　　素を生成する。

　　1（a、b）　　2（a、c）　　3（b、c）　　4（b、d）　　5（c、d）

問50　次の記述について、（　）の中に入れるべき物質名の最も適切な組合せを下表か
　　ら一つ選べ。

　　（ a ）は、酸と接触すると有毒ガスを発生する。
　　（ b ）は、不燃性で、その蒸気は空気よりも重く消火力がある。
　　（ c ）は、空気中に放置すると、潮解する。炎色反応は、黄色を呈する。
　　（ d ）の水溶液は、過マンガン酸カリウム溶液の赤紫色を退色させる。

	a	b	c	d
1	四塩化炭素	硅弗化ナトリウム	水酸化ナトリウム	蓚酸
2	硅弗化ナトリウム	酸化第二水銀	蓚酸	四塩化炭素
3	水酸化ナトリウム	蓚酸	硅弗化ナトリウム	四塩化炭素
4	蓚酸	酸化第二水銀	硅弗化ナトリウム	水酸化ナトリウム
5	硅弗化ナトリウム	四塩化炭素	水酸化ナトリウム	蓚酸

奈良県

【令和元年度実施】

〔取扱・実地〕

（一般）

問41 ぎ酸に関する記述の正誤について、**正しいものの組み合わせ**を１つ選びなさい。

a　無色の刺激性の強い液体である。
b　特定毒物に指定されている。
c　還元性が強い。
d　分子式は $C_2H_2O_4$ である。

1（a、b）　　　2（a、c）　　　3（b、d）　　　4（c、d）

問42 四エチル鉛に関する記述の正誤について、**正しいものの組み合わせ**を１つ選びなさい。

a　無色無臭の揮発性液体である。
b　比較的安定な物質である。
c　引火性があり、金属に対して腐食性がある。
d　分子式は $C_8H_{20}Pb$ であり、別名エチル液である。

1（a、b）　　　2（a、c）　　　3（b、d）　　　4（c、d）

問43〜47 次の物質の性状について、**最も適当なもの**を１つずつ選びなさい。

問43　アジ化ナトリウム
問44　ジメチル－２・２－ジクロルビニルホスフエイト（別名：DDVP）
問45　硝酸ストリキニーネ
問46　燐化水素
問47　沃化メチル

1　微臭を有し、揮発性のある無色油状の液体で、一般の有機溶媒に可溶である。水には溶けにくい。
2　無色の針状結晶で、水、エタノール、グリセリン、クロロホルムに可溶。エーテルに不溶。
3　無色無臭の結晶で、アルコールに難溶、エーテルに不溶。
4　無色、腐魚臭の気体。水に難溶。エタノール、エーテルに可溶。
5　無色または淡黄色透明の液体で、空気中で光により一部分解して褐色になる。

問48〜51 次の物質の毒性について、**最も適当なもの**を１つずつ選びなさい。

問48　アクロレイン　　　　問49　シアン化水素　　　　問50　トルイジン
問51　燐化亜鉛

1　極めて猛毒で、希薄な蒸気でも吸入すると呼吸中枢を刺激し、次いで麻痺させる。
2　嚥下吸入すると、胃及び肺で胃酸や体内の水と反応して毒性を呈する。吸入した場合、頭痛、吐き気、嘔吐、悪寒、めまいなどの中毒症状を起こす。重症な場合には、肺水腫、呼吸困難、昏睡を起こす。
3　眼と呼吸器系を激しく刺激し、催涙性がある。気管支カタルや結膜炎を起こす。
4　メトヘモグロビン形成能があり、チアノーゼ症状を起こす。頭痛、疲労感、呼吸困難、精神障害、腎臓や膀胱の機能障害による血尿をきたす。

問 52 ～ 55　次の毒物または劇物の用途として、**最も適当なもの**を1つずつ選びなさい。

　　問 52　アクリルアミド　　　　問 53　ジメチルアミン　　　　問 54　水銀
　　問 55　フエノール

　1　グアヤコールなど種々の医薬品及び染料の製造原料として用いられるほか、防腐剤、ベークライト、人造タンニンの原料、試薬などにも使用される。
　2　界面活性剤原料等に使用される。
　3　工業用として寒暖計、気圧計その他の理化学機械、整流器等に使用される。
　4　反応開始剤及び促進剤と混合し地盤に注入し、土木工事用の土質安定剤として用いるほか、水処理剤、紙力増強剤、接着剤等に用いられる物質の原料として使用する。

問 56　物質の保管方法に関する記述について、**正しい組み合わせ**を1つ選びなさい。

　a　クロロホルムは、少量のアルコールを加えて分解を防ぎ冷暗所に貯蔵する。
　b　三酸化二砒素は、ガラス瓶を腐食させるので、少量ならば金属の容器に密栓して保管する。
　c　ナトリウムは、空気中にそのまま蓄えることができないので、通常石油中に貯蔵する。
　d　二硫化炭素は、日光の直射を受けない冷所に、可燃性、発熱性、自然発火性のものから十分に引き離して貯蔵する。

	a	b	c	d
1	正	誤	正	正
2	誤	正	誤	正
3	正	誤	正	誤
4	誤	誤	誤	正
5	正	正	正	誤

問 57 ～ 60　次の物質の漏えい又は飛散した場合の措置として、**最も適当なもの**を1つずつ選びなさい。

　　問 57　2－イソプロピル－4－メチルピリミジル－6－ジエチルチオホスフエイト（別名：ダイアジノン）
　　問 58　過酸化ナトリウム（別名：二酸化ナトリウム）
　　問 59　エチレンオキシド（別名：酸化エチレン）
　　問 60　砒酸

1　付近の着火源となるものを速やかに取り除く。漏えいした液は土砂等でその流れを止め、安全な場所に導き、空容器にできるだけ回収する。そのあとを水酸化カルシウム等の水溶液を用いて処理し、中性洗剤等の界面活性剤を使用し、多量の水で洗い流す。
2　付近の着火源となるものを速やかに取り除く。作業の際には必ず人口呼吸器その他の保護具を着用し、風下で作業しない。漏えいしたボンベ等を多量の水に容器ごと投入して気体を吸収させ、処理し、その処理液を多量の水で希釈して流す。
3　飛散したものは、空容器にできるだけ回収する。回収したものは、発火のおそれがあるので速やかに多量の水に溶かして処理する。回収したあとは、多量の水で洗い流す。
4　飛散したものは、空容器にできるだけ回収し、そのあとを硫酸鉄（Ⅲ）等の水溶液を散布し、水酸化カルシウム、炭酸ナトリウム等の水溶液を用いて処理した後、多量の水で洗い流す。

（農業用品目）

問 41　次の物質のうち、農業用品目販売業者が**販売できないもの**を 1 つ選びなさい。

1　塩化亜鉛　　　　2　クロロ酢酸ナトリウム　　　3　シアン化ナトリウム
4　沃化メチル　　　5　燐化亜鉛

問 42 ～ 44　次の物質を含有する製剤で、劇物としての指定から除外される上限濃度について、**正しいもの**を 1 つずつ選びなさい。

問 42　Ｏ－エチル＝１－メチルプロピル＝（２－オキソ－３－チアゾリジニル）ホＳ－スホノチオアート（別名：ホスチアゼート）
問 43　エマメクチン
問 44　５－メチル－１・２・４－トリアゾロ〔３・４－ｂ〕ベンゾチアゾール（別名：トリシクラゾール）

1　1%　　　2　1.5%　　　3　2%　　　4　8%　　　5　10%

問 45 ～ 47　次の物質の漏えい又は飛散した場合の措置として、**最も適当なもの**を 1 つずつ選びなさい。

問 45　ブロムメチル
問 46　Ｓ－メチル－Ｎ－〔（メチルカルバモイル）－オキシ〕－チオアセトイミデート（別名：メトミル）
問 47　燐化アルミニウムとその分解促進剤とを含有する製剤

1　飛散したものの表面を速やかに土砂等で覆い、密閉可能な空容器に回収して密閉する。汚染された土砂等も同様の措置をし、そのあとを多量の水で洗い流す。
2　飛散したものは空容器にできるだけ回収し、そのあとを水酸化カルシウム等の水溶液を用いて処理し、多量の水で洗い流す。
3　飛散したものは空容器にできるだけ回収し、そのあとを硫酸鉄（Ⅲ）等の水溶液を散布し、水酸化カルシウム、炭酸ナトリウム等の水溶液を用いて処理した後、多量の水で洗い流す。
4　漏えいした液が多量の場合は、土砂等でその流れを止め、液が広がらないようにして蒸発させる。

問 48　クロルピクリンに関する記述について、**正しいものの組み合わせ**を1つ選びなさい。

a　アルコールに溶けない。
b　主に除草剤として用いられる。
c　金属腐食性が大きい。
d　吸入した場合、気管支を刺激してせきや鼻汁が出る。多量に吸入すると、胃腸炎、肺炎、尿に血が混じる。

1（a、b）　　　2（a、c）　　　3（b、d）　　　4（c、d）

問 49　ジエチル−（5−フエニル−3−イソキサゾリル）−チオホスフエイト（別名：イソキサチオン）に関する記述について、**正しいものの組み合わせ**を1つ選びなさい。

a　水に溶けやすい。
b　主に除草剤として用いられる。
c　解毒剤として、硫酸アトロピン製剤、2−ピリジルアルドキシムメチオダイド（別名：PAM）が用いられる。
d　劇物（2％以下を含有するものを除く）である。

1（a、b）　　　2（a、c）　　　3（b、d）　　　4（c、d）

問 50 〜 53　次の物質の廃棄方法について、**最も適当なもの**を1つずつ選びなさい。

問 50　アンモニア水
問 51　塩素酸カリウム
問 52　ジメチル−2・2−ジクロルビニルホスフエイト（別名：DDVP）
問 53　硫酸

1　徐々に石灰乳などの攪拌溶液に加え中和させた後、多量の水で希釈して処理する。
2　水で希薄な水溶液とし、酸で中和させた後、多量の水で希釈して処理する。
3　おが屑等に吸収させてアフターバーナー及びスクラバーを備えた焼却炉で焼却する。
4　還元剤の水溶液に希硫酸を加えて酸性にし、この中に少量ずつ投入する。反応終了後、反応液を中和し多量の水で希釈して処理する。
5　ナトリウム塩とした後、活性汚泥で処理する。

問 54 〜 57　次の物質の用途について、**最も適当なもの**を1つずつ選びなさい。

問 54　エチルジフエニルジチオホスフエイト
問 55　塩素酸ナトリウム
問 56　2−ジフエニルアセチル−1・3−インダンジオン
問 57　2・3・5・6−テトラフルオロ−4−メチルベンジル＝（Z）−（1RS・3RS）−3−（2−クロロ−3・3・3−トリフルオロ−1−プロペニル）−2・2−ジメチルシクロプロパンカルボキシラート（別名：テフルトリン）

1　殺鼠剤　　　2　除草剤　　　3　殺菌剤
4　野菜等のコガネムシ類、ネキリムシ類などの土壌害虫の防除
5　接触性殺虫剤

問58〜60 次の物質の毒性について、**最も適当なもの**を1つずつ選びなさい。

問58 無機銅塩類
問59 モノフルオール酢酸ナトリウム
問60 硫酸タリウム

1 猛烈な神経毒であり、急性中毒では、よだれ、吐気、悪心、嘔吐（おうと）があり、次いで脈拍緩徐不整となり、発汗、瞳孔縮小、意識喪失、呼吸困難、痙攣（けいれん）をきたす。慢性中毒では、咽頭、喉頭などのカタル、心臓障害、視力減弱、めまい、動脈硬化などをきたし、ときに精神異常を引き起こす。

2 激しい嘔吐（おうと）、胃の疼痛、意識混濁、てんかん性痙攣（けいれん）、脈拍の緩徐、チアノーゼ、血圧下降。心機能の低下により死亡する場合もある。

3 疝痛、嘔吐（おうと）、振戦、痙攣（けいれん）、麻痺（まひ）等の症状に伴い、次第に呼吸困難となり、虚脱症状となる。

4 中毒では、緑色または青色のものを吐く。のどが焼けるように熱くなり、よだれが流れ、また、しばしば痛む。急性の胃腸カタルを起こすとともに血便を出す。

（特定品目）

問41〜48 次の物質について、性状をA欄から、鑑識法をB欄から、**それぞれ最も適当なもの**を1つずつ選びなさい。

	性 状	鑑識法
水酸化カリウム	問41	問45
蓚酸（しゅう）	問42	問46
一酸化鉛	問43	問47
硫酸	問44	問48

【A欄】
1 無色透明な油様の液体で、水と急激に接触すると多量の熱を生成する。
2 無色、稜柱状の結晶で、加熱すると昇華する。エーテルに難溶。
3 白色の固体で、水、アルコールには熱を発して溶けるが、アンモニア水には溶けない。
4 重い粉末で黄色から赤色までのものがあり、赤色粉末を720℃以上に加熱すると黄色に変化する。

【B欄】
1 水溶液に酒石酸溶液を過剰に加えると、白色結晶性の沈殿を生成する。また、塩酸を加えて中性にした後、塩化白金溶液を加えると、黄色結晶性の沈殿を生成する。
2 希釈水溶液に塩化バリウムを加えると、白色の沈殿を生成する。この沈殿は塩酸や硝酸に溶けない。
3 希硝酸に溶かすと、無色の液となり、これに硫化水素を通すと、黒色の沈殿を生成する。
4 水溶液を酢酸で弱酸性にして酢酸カルシウムを加えると、結晶性の沈殿を生成する。

問 49 ～ 52　次の物質の漏えい又は飛散した場合の措置として、**最も適当なもの**を1つずつ選びなさい。

問 49　メチルエチルケトン　　問 50　塩素　　　問 51　重クロム酸カリウム
問 52　硝酸

1　飛散したものは空容器にできるだけ回収し、そのあとを還元剤（硫酸第一鉄等）の水溶液を散布し、水酸化カルシウム、炭酸ナトリウム等の水溶液で処理した後、多量の水で洗い流す。
2　漏えい箇所や漏えいした液には水酸化カルシウムを十分に散布し、シート等を被せ、その上にさらに水酸化カルシウムを散布して吸収させる。多量にガスが噴出した場所には、遠くから霧状の水をかけて吸収させる。
3　少量の漏えいした液は土砂等で吸着させて取り除くか、またはある程度水で徐々に希釈した後、水酸化カルシウム、炭酸ナトリウム等で中和し、多量の水で洗い流す。多量の漏えいした液は土砂等でその流れを止め、これに吸着させるか、または安全な場所に導いて、遠くから徐々に注水してある程度希釈した後、水酸化カルシウム、炭酸ナトリウム等で中和し多量の水で洗い流す。
4　付近の着火源となるものを速やかに取り除く。多量の場合、漏えいした液は、土砂等でその流れを止め、安全な場所に導き、液の表面を泡で覆い、できるだけ空容器に回収する。

問 53 ～ 56　次の物質の廃棄方法について、**最も適当なもの**を1つずつ選びなさい。

問 53　硅弗化ナトリウム　　　　問 54　キシレン
　　　けいふつ

問 55　ホルマリン　　　　　　　問 56　水酸化ナトリウム

1　木粉（おが屑）等に吸収させて焼却炉で焼却する。
2　水を加えて希薄な水溶液とし、酸で中和させた後、多量の水で希釈して処理する。
3　多量の水を加え希薄な水溶液とした後、次亜塩素酸塩水溶液を加え分解させ廃棄する。
4　水に溶かし、水酸化カルシウム等の水溶液を加えて処理した後、希硫酸を加えて中和し、沈殿ろ過して埋立処分する。

問 57 ～ 60　次の物質の人体に対する毒性について、**最も適当なもの**を1つずつ選びなさい。

問 57　過酸化水素　　　問 58　クロム酸カリウム　　　問 59　メタノール
問 60　酢酸エチル

1　神経細胞内でぎ酸が生成され、視神経が侵され、眼がかすみ、失明することがある。
2　水溶液、蒸気いずれも刺激性が強い。35 ％以上の水溶液は皮膚に水疱をつくりやすい。眼には腐食作用を及ぼす。
3　蒸気は粘膜を刺激し、持続的に吸入するときは肺、腎臓および心臓を障害する。
4　口と食道が赤黄色に染まり、のちに青緑色に変化する。腹部が痛くなり、緑色のものを吐き出し、血の混じった便をする。

奈良県

〔取扱・実地〕

(注)特定品目はありません

(一般)

問 41 塩素酸ナトリウムに関する記述について、**正しいものの組み合わせ**を１つ選びなさい。

a 無色無臭の無色の正方単斜状の結晶である。
b 水に溶けにくく、風解性がある。
c 有機物、金属粉などの可燃物が混在すると、加熱、摩擦または衝撃により爆発する。
d 殺虫剤として用いられる。

1（a、b）　　2（a、c）　　3（b、d）　　4（c、d）

問 42 ジエチルパラニトロフエニルチオホスフエイト(別名：パラチオン)に関する記述について、**正しいものの組み合わせ**を１つ選びなさい。

a ５％以下を含有する製剤は、特定毒物ではない。
b 純品は、無色あるいは淡黄色の液体であるが、通常は褐色の液体で、特異の臭気があり、アセトン、エーテル、アルコール等に溶ける。
c カーバメイト系の殺虫剤である。
d 毒性は極めて強く、頭痛、めまい、吐気、発熱、麻痺、痙攣等の中毒症状をおこす。

1（a、b）　　2（a、c）　　3（b、d）　　4（c、d）

問 43～46 次の物質の性状について、**最も適当なもの**を１つずつ選びなさい。

　　問 43 黄燐　　　**問 44** クレゾール　　　**問 45** ジメチル硫酸　　　**問 46** セレン

1 灰色の金属光沢を有するペレットまたは黒色の粉末。融点 217 ℃。水に不溶。硫酸、二硫化炭素に可溶。
2 オルトおよびパラ異性体は無色の結晶。メタ異性体は無色または淡褐色の液体。フェノール様の臭いがある。アルコール、エーテルに可溶。水に不溶。
3 無色の油状液体で、刺激臭はない。沸点 188 ℃。水に不溶。水との接触で、徐々に加水分解する。
4 白色または淡黄色のロウ様半透明の結晶性固体。ニンニク臭がある。空気中では非常に酸化されやすく、放置すると 50 ℃で発火する。
5 淡黄色の光沢のある小葉状あるいは針状結晶。融点 122 ℃。発火点 320 ℃。徐々に熱すると昇華するが、急熱あるいは衝撃により爆発する。

問 47 ～ 50　次の物質の毒性について、**最も適当なもの**を 1 つずつ選びなさい。

　　問 47　エチルパラニトロフエニルチオノベンゼンホスホネイト (別名：EPN)

　　問 48　キシレン　　　問 49　トルイレンジアミン　　　問 50　燐化亜鉛

1　コリンエステラーゼと結合しその働きを阻害するため、神経終末にアセチルコリンが過剰に蓄積して、ムスカリン様症状、ニコチン様症状、中枢神経症状が出現する。
2　嚥下吸入したときに、胃および肺で胃酸や水と反応してホスフィンを生成し、中毒症状を呈する。吸入した場合、頭痛、吐き気等の症状を起こす。
3　吸入すると、鼻、のどを刺激する。高濃度で興奮、麻酔作用がある。
4　著明な肝臓毒で、脂肪肝を起こす。また、皮膚に触れると、皮膚炎 (かぶれ) を起こす。
5　皮膚や粘膜につくと火傷を起こし、その部分は白色となる。経口摂取した場合には口腔、咽喉、胃に高度の灼熱感を訴え、悪心、嘔吐、めまいを起こし、失神、虚脱、呼吸麻痺で倒れる。尿は特有の暗赤色を呈する。

問 51 ～ 55　次の物質の廃棄方法に関する記述について、**最も適当なもの**を 1 つずつ選びなさい。

　　問 51　アクリルアミド　　　問 52　クロルピクリン　　　問 53　シアン化水素
　　問 54　酒石酸アンチモニルカリウム　　　問 55　ヒ素

1　アフターバーナーを備えた焼却炉で焼却する。水溶液の場合は、おが屑等に吸収させて同様に処理する。
2　水に溶かし、希硫酸を加えて酸性にし、硫化ナトリウム水溶液を加えて沈殿させ、濾過して埋立処分する。
3　多量のアルカリ水溶液に撹拌しながら少量ずつ加えて、徐々に加水分解させたあと、希硫酸を加えて中和する。
4　スクラバーを備えた焼却炉の火室に噴霧して、できるだけ高温で焼却する。
5　セメントを用いて固化し、溶出試験を行い、溶出量が判定基準以下であることを確認して埋立処分する。
6　少量の界面活性剤を加えた亜硫酸ナトリウムと炭酸ナトリウムの混合溶液中で、撹拌し分解させた後、多量の水で希釈して処理する。

問 56 ～ 60　次の物質の漏えい又は飛散した場合の措置として、**最も適当なもの**を 1 つずつ選びなさい。

　　問 56　クロム酸ナトリウム　　　問 57　硝酸銀　　　問 58　二硫化炭素
　　問 59　ブロムメチル　　　問 60　メチルエチルケトン

1　飛散したものは、空容器にできるだけ回収し、そのあとを食塩水を用いて塩化物とし、多量の水を用いて洗い流す。
2　飛散したものは、空容器にできるだけ回収し、そのあとを還元剤 (硫酸第一鉄等) の水溶液を散布し、水酸化カルシウム、炭酸ナトリウム等の水溶液を用いて処理した後、多量の水で洗い流す。
3　飛散したものは、速やかに掃き集めて空容器に回収し、そのあとを多量の水を用いて洗い流す。
4　多量に漏えいした場合、漏えいした液は、土砂等でその流れを止め、液が広がらないようにして蒸発させる。
5　多量に漏えいした場合、漏えいした液は、土砂等でその流れを止め、安全な場所に導き、水で覆った後、土砂等に吸着させて空容器に回収し、水封後密栓する。そのあとを多量に水を用いて洗い流す。
6　多量に漏えいした場合、漏えいした液は、土砂等でその流れを止め、安全な場所に導き、液の表面を泡で覆い、できるだけ空容器に回収する。

（農業用品目）

問41 次の毒物又は劇物のうち、毒物劇物農業用品目販売業者が販売できるものとして、**正しいものの組み合わせ**を１つ選びなさい。

　　a　塩素　　b　塩化水素　　c　ニコチン　　d　硫酸タリウム

　　1（a、b）　　2（a、c）　　3（b、d）　　4（c、d）

問42 ～ 44 次の物質を含有する製剤で、毒物としての指定から除外される上限濃度について、**正しいもの**を１つずつ選びなさい。

　　問42　O－エチル－O－（２－イソプロポキシカルボニルフエニル）－N－イソプロピルチオホスホルアミド(別名：イソフエンホス)
　　問43　２・３－ジシアノ－１・４－ジチアアントラキノン(別名：ジチアノン)
　　問44　２－ジフエニルアセチル－１・３－インダンジオン

　　1　0.005 ％　　2　0.5 ％　　3　5 ％　　4　10 ％　　5　50 ％

問45 ～ 47 次の物質の鑑別方法について、**最も適当なもの**を１つずつ選びなさい。

　　問45　塩化亜鉛　　　　問46　クロルピクリン
　　問47　燐化アルミニウムとその分解促進剤とを含有する製剤

　　1　本薬物より生成された気体は、5 ～ 10 ％硝酸銀溶液を吸着させた濾紙を黒変することにより存在を確認する。
　　2　水に溶かし、硝酸銀を加えると、白色の沈殿物を生ずる。
　　3　水溶液に金属カルシウムを加え、これにベタナフチルアミン及び硫酸を加えると、赤色の沈殿物を生ずる。
　　4　水酸化ナトリウム及び過マンガン酸カリウムを加えて加熱し、発生した気体は、潤したヨウ化カリウムデンプン紙を青変する。

問48 ～ 51 次の物質の用途について、**最も適当なもの**を１つずつ選びなさい。

　　問48　ナラシン　　　　問49　沃化メチル
　　問50　エチル＝（Z）－３－〔N－ベンジル－N－〔〔メチル（１－メチルチオエチリデンアミノオキシカルボニル）アミノ〕チオ〕アミノ〕プロピオナート
　　問51　２－メチリデンブタンニ酸(別名：メチレンコハク酸)

　　1　ガス殺菌剤　　　2　害虫を防除する農薬　　　3　飼料添加物
　　4　摘花、摘果剤　　　5　除草剤

問52 ～ 54 次の物質の漏えい又は飛散した場合の措置として、**最も適当なもの**を１つずつ選びなさい。

　　問52　１・１′－ジメチル－４・４′－ジピリジニウムジクロリド
　　問53　ブロムメチル
　　問54　S－メチル－N－〔（メチルカルバモイル）－オキシ〕－チオアセトイミデート(別名：メトミル)

　　1　飛散したものは空容器にできるだけ回収し、そのあとを水酸化カルシウム等の水溶液を用いて処理し、多量の水で洗い流す。
　　2　飛散したものは空容器にできるだけ回収し、そのあとを硫酸鉄（Ⅲ）等の水溶液を散布し、水酸化カルシウム、炭酸ナトリウム等の水溶液を用いて処理した後、多量の水で洗い流す。
　　3　漏えいした液が多量の場合は、土砂等でその流れを止め、液が広がらないようにして蒸発させる。
　　4　漏えいした液は、土壌などでその流れを止め、安全な場所に導き、空容器にできるだけ回収し、そのあとを土壌で覆って十分に接触させた後、土壌を取り除き、多量の水で洗い流す。

問 55 〜 57　次の物質の廃棄方法について、**最も適当なもの**を１つずつ選びなさい。

　　問 55　塩素酸カリウム
　　問 56　ジメチル－４－メチルメルカプト－３－メチルフエニルチオホスフエイト
　　問 57　硫酸第二銅

　1　おが屑等に吸収させてアフターバーナー及びスクラバーを備えた焼却炉で焼却
　　する。
　2　還元剤の水溶液に希硫酸を加えて酸性にし、この中に少量ずつ投入する。反応
　　終了後、反応液を中和し多量の水で希釈して処理する。
　3　水に溶かし、希硫酸を加えて中和し、沈殿濾過して埋立処分する。
　4　水に溶かし、水酸化カルシウム、炭酸ナトリウム等の水溶液を加えて処理し、
　　沈殿濾過して埋立処分する。

問 58 〜 60　次の物質の毒性について、**最も適当なもの**を１つずつ選びなさい。

　　問 58　エチレンクロルヒドリン　　　問 59　アンモニア
　　問 60　ブラストサイジンＳ

　1　猛烈な神経毒であり、急性中毒では、よだれ、吐気、悪心、嘔吐があり、次い
　　で脈拍緩徐不整となり、発汗、瞳孔縮小、意識喪失、呼吸困難、痙攣をきたす。
　2　主な中毒症状は、振戦、呼吸困難である。本毒は、肝臓に核の膨大及び変性、
　　腎臓には糸球体、細尿管のうっ血、脾臓には脾炎が認められる。また、散布に際
　　して、眼刺激性が特に強いので注意を要する。
　3　すべての露出粘膜に刺激性を有し、せき、結膜炎、口腔、鼻、咽喉粘膜の発赤
　　をきたす。
　4　皮膚から容易に吸収され、全身中毒症状を引き起こす。中枢神経系、肝臓、腎
　　臓、肺に著明な障害を引き起こす。

解答・解説編
〔筆記〕
〔法規、基礎化学〕

〔法規編〕

関西広域連合統一共通〔滋賀県、京都府、大阪府、和歌山県、兵庫県、徳島県〕
【令和元年度実施】

（一般・農業用品目・特定品目共通）

【問1】 4
〔解説〕
　　解答のとおり。

【問2】 2
〔解説〕
　　放題3条の2第9項は、特定毒物の譲り渡しの限定。

【問3】 3
〔解説〕
　　この設問は法第2条第1項→法別表第一→指定令第1条についてで、aとdが正しい。なお、塩化第一水銀を含有する製剤と塩化水素を含有する製剤は、劇物。

【問4】 3
〔解説〕
　　この設問にある興奮、厳格又は麻酔の作用を有するものについては、法第3条の3→施行令第32条において、みだりに摂取し、若しくは吸入し、又はこれらの目的で所持してはならないものとして、①トルエン、②酢酸エチル、トルエン又はメタノールを含有する・シンナー、・接着剤、・塗料及び閉そく用又はシーリングの充てん剤である。なお、酢酸エチルについて単独ではこの規定に適用されない。

【問5】 2
〔解説〕
　　この設問は法第4条の登録のこと。2が正しい。aが正しい。aについては、法第23条の3→施行令第36条の7のこと。なお、bについては、本社の所在地の都道府県知事ではなく、店舗ごとに、その店舗の所在地の都道府県知事である。cは、毒物又は劇物の輸入業の登録は、6年ごとではなく、5年ごとである。なお、この設問にある法第4条については、第8次地域一括法（平成30年6月27日法律第63号。）→施行は令和2年4月1日より同法第4条第3項が削られ、同法第4項が同法第3項となった。いわゆる今回の地方分権一括法で製造業又は輸入業の登録が従来の厚生労働大臣から都道府県知事へと委譲された。

【問6】 4
〔解説〕
　　この設問で正しいのは、cのみである。この設問は販売品目の制限についてである。cは法第4条の3第2項→施行規則第4条の3→施行規則別表第二に掲げられている品目のみ。なお、aの一般販売業の登録を受けた者は、すべての毒物又は劇物を販売することができる。bの設問では、すべてとあるが法第4条の3第1項→施行規則第4条の2→施行規則別表第①に掲げられている品目のみである。

【問7】　1

〔解説〕

この設問はすべて正しい。施行規則第4条の4第1項の製造所等の設備基準のこと。

【問8】　5

〔解説〕

この設問は法第10条第1項についてで、30日以内に届け出なければならない。

【問9】　2

〔解説〕

この設問は法第3条の4で、引火性、発火性又は爆発性のある毒物又は劇物について政令で正当な理由を除いて所持してはならない。その品目とは→施行令第32条の3において、①亜塩素酸ナトリウム及びこれを含有する製剤30％以上、②塩素酸塩類及びこれを含有する製剤35％以上、③ナトリウム、④ピクリン酸である。このことからこの設問では、aとcが正しい。

【問10】　2

〔解説〕

この設問にある特定毒物〔モノフルオール酢酸アミドを含有する製剤〕の着色規定は、法第3条の2第9項→施行令第23条で青色に着色と規定されている。

【問11】　3

〔解説〕

この設問の法第11条第4項→施行規則第11条の4は飲食物容器使用禁止のこと。

【問12】　2

〔解説〕

毒物又は劇物である有機燐化合物を販売する際に、容器及び被包に表示しなければならない解毒剤とは、法第12条第2項第三号→施行規則第11条の5で、①2－ピリジルアルドキシムメチオダイド(別名 PAM)、②硫酸アトロピンの製剤のことである。

【問13】　4

〔解説〕

この設問は法第12条における毒物又は劇物の表示のことで、aとcである。なお、bは、黒地に白色をもってではなく、赤地に白色をもってである。法第12条第1項のこと。dは特定毒物とあるが、特定毒物も毒物に含まれるので、法第12条第1項のこと。

【問14】　1

〔解説〕

この設問は法第12条第2項で、毒物又は劇物の①名称、②成分及び含量。

【問15】　4

〔解説〕

この設問は着色する農業品目のことで、法第13条→施行令第39条において①硫酸タリウムを含有する製剤たる劇物、②燐化亜鉛を含有する製剤たる劇物について→施行規則第12条の規定で、あせにくい黒色で着色すると規定されている。

【問16】　3

〔解説〕

この設問は法第14条第2項のことで、一般人への譲渡する際に譲受人から提出を受ける書面事項とは、①毒物又は劇物の名称及び数量、②販売又は授与の年月

日、③譲受人の氏名、職業及び住所(法人の場合は、その名称及び主たる事務所の所在地)④譲受人が押印した書面である。なお、この設問では規定されていないものとあるので、3が該当する。

【問 17】　2

〔解説〕

解答のとおり。

【問 18】　1

〔解説〕

この設問は法第 15 条→施行令 40 条は、毒物又は劇物を廃棄する際の技術上の基準のこと。解答のとおり。

【問 19】　2

〔解説〕

この設問は法第 17 条における立入検査等のこと。a と c が正しい。なお、b については、犯罪捜査上必要があるではなく、保健衛生上必要があるである。よって誤り。なお、同法第 17 条については、第 8 次地域一括法(平成 30 年 6 月 27 日法律第 63 号。)→施行は令和 2 月 4 月 1 日より法第 17 条は、法第 18 条となった。

【問 20】　3

〔解説〕

法第 22 条は業務上取扱者の届出のことで、a と d が正しい。業務上取扱者の届出は、法第 22 条第 1 項→施行令第 41 条及び同第 42 条に規定されている者である。

関西広域連合統一共通〔滋賀県、京都府、大阪府、和歌山県、兵庫県、徳島県〕

【令和2年度実施】

〔法規〕

(一般・農業用品目・特定品目共通)

【問1】 2
〔解説〕
　この設問では、劇物はどれかとあるので、2の硫酸タリウムが劇物。また、ニコチン、シアン化水素、砒素、セレンは毒物。劇物については、法第2条第2項→法別表第二に掲げられている。

【問2】 1
〔解説〕
　法第3条の2第2項は、特定毒物を輸入できる者として①毒物又は劇物輸入業者と特定毒物研究者のことである。

【問3】 3
〔解説〕
　この設問における特定毒物の用途とその政令で定める用途について、正しい組み合わせは、a の四アルキル鉛を含有する製剤→ガソリンへの混入が正しい。施行令第1条のこと。なお、モノフルオール酢酸アミドを含有する製剤する用途→かんきつ類などの害虫の防除(施行令第22条)。モノフルオール酢酸の塩類を含有する製剤の用途→野ねずみの駆除(施行令第11条)である。

【問4】 4
〔解説〕
　解答のとおり。

【問5】 4
〔解説〕
　法第3条の4で規定する引火性、発火性又は爆発性のある毒物又は劇物→施行令第32条の3で、①亜塩素酸ナトリウム及びこれを含有する製剤30%以上、②塩素酸塩類を含有する製剤35%以上、③ナトリウム、④ピクリン酸については正当な理由を除いては所持してはならないと規定されている。

【問6】 5
〔解説〕
　この設問は登録の更新のことで、毒物又は劇物製造業者と輸入業者は、5年ごと、また毒物又は劇物販売業者は、6年ごとに更新を受けなければならないと規定されている。法第4条第3項。

【問7】 4
〔解説〕
　この設問は、毒物又は劇物における販売品目の制限のことで、b が正しい。なお、a の一般販売業の登録を受けた者は、全ての毒物又は劇物を販売することができる。よって a は誤り。また、c の特定品目販売業の登録を受けた者は、法第4条の3第2項→施行規則第4条の3→施行規則別表第二掲げられている品目のみである。

【問8】 3
〔解説〕
　この設問は、施行規則第4条の4第2項における毒物又は劇物の販売業の店舗の設備基準のことで、a と b が正しい。c については、その周囲に警報装置ではなく、堅固なさくが設けられていることである。(施行規則第4条の4第1項第二号ホ)

【問9】 1
〔解説〕
　法第4条における登録について法第6条において、登録事項が規定されている。①申請者の氏名及び住所(法人の場合は名称及び主たる事務所の所在地)、②製造業又は輸入業の登録については、製造し又は輸入しようとする毒物又は劇物の品目、③製造所、営業所又は店舗の所在地のことで、この設問では、毒物劇物販売

業の登録事項とあるので、ａとｂが正しい。

【問10】　3
〔解説〕
　　解答のとおり。

【問11】　2
〔解説〕
　　この設問は法第12条第1項の毒物又は劇物の表示で、ｂが正しい。なお、ａは、黒地に白色をもってではなく、赤地に白色をもってである。ｃについては、劇物についても容器及び被包に「医薬用外」を表示しなければならない。

【問12】　3
〔解説〕
　　この設問も問11と同様に、毒物又は劇物の表示のことで、法第12条第2項で、毒物又は劇物を販売又は授与する際には、容器及び被包に次の事項として①毒物又は劇物の表示、②毒物又は劇物の成分及びその含量、③厚生労働省令で定める毒物又は劇物〔有機燐化合物及びこれを含有する製剤〕には、解毒剤の名称〔2－ピリジルアルドキシムメチオダイド(PAM)及び硫酸アトロピンの製剤〕を表示しなければならない。このことからａとｄが正しい。

【問13】　4
〔解説〕
　　この設問は法第13条における着色する農業品目のことで、法第13条→施行令39条において、①硫酸タリウムを含有する製剤たる劇物、②燐化亜鉛を含有する製剤たる劇物→施行規則第12条で、あせにくい黒色に着色しなければならないと規定されている。このことからｂとｄが正しい。

【問14】　2
〔解説〕
　　この設問は、いわゆる一般人に販売又は授与する際についで、法第14条第2項のことで、譲受人から提出を受ける書面の事項で、①毒物又は劇物の名称及び数量、②販売又は授与の年月日、③譲受人の氏名、職業及び住所(法人にあっては、その名称及び主たる事務所の所在地)である。このことからａとｃが正しい。

【問15】　2
〔解説〕
　　この設問は毒物又は劇物を交付してはならい事項として、①18歳未満の者、②心身の障害により毒物又は劇物による保健衛生上の危害の防止を適正に行うことができない者、③麻薬、大麻、あへん又は覚せい剤の中毒者である。このことからｂが正しい。なお、ｃについては、3年間保存とあるが、法第15条第4項で5年間保存しなければならないと規定されている。よって誤り。

【問16】　1
〔解説〕
　　この設問は法第15条の2〔廃棄〕→施行令第40条〔廃棄方法〕が規定されている。解答のとおり。

【問17】　3
〔解説〕
　　この設問は毒物又は劇物の運搬方法についてで、毒物又は劇物を運搬する車両の前後に掲げる標識のことが施行規則第13条の5で規定されている。解答のとおり。

【問18】　5
〔解説〕
　　この設問は施行令第40条の9第1〔項毒物又は劇物の情報提供の内容〕について→施行規則第13条の12に情報の内容が13項目規定されている。このことからａ、ｂ、ｃが該当する。

【問19】　5
〔解説〕
　　この設問は法第17条における事故の際の措置についてで、設問の全てが正しい。

【問20】　1
〔解説〕
　　法第21条は、①毒物劇物営業者〔製造業者、輸入業者、販売業者〕、②特定毒物研究者、③特定毒物使用者〔なくなった日〕が、営業の登録若しくは許可〔特定毒物研究者〕の効力がなくなったことについて規定である。

〔法規編〕

奈良県
【令和元年度実施】

（一般・農業用品目・特定品目共通）

問1　2
〔解説〕
　　この設問の特定毒物であるモノフルオール酢酸アミドを含有する製剤を使用及び用途について施行令第22条で、①国、②地方公共団体、③農業協同組合及び農業者の組織団体であり、また用途は、かんきつ類、りんご、なし、桃又はかきの害虫の防除に限って都道府県知事の指定を受けた者と規定されている。この指定された者のことを特定毒物使用者という。解答のとおり。

問2　5
〔解説〕
　　この設問では誤っているものはどれかとあるので、5が誤り。なお、特定毒物である四アルキル鉛を含有する製剤の着色基準の規定については、施行令第2条で、赤色、青色、緑色に着色との規定されている。

問3　1
〔解説〕
　　この設問は法第3条の4で業務その他正当な理由を除いて所持してはならない品目として、施行令第32条の2で、①亜塩素酸ナトリウム及びこれを含有する製剤30％以上、②塩素酸塩類及びこれを含有する製剤35％以上、③ナトリウム、④ピクリン酸である。このことからこの設問ではaとbが該当する。

問4　4
〔解説〕
　　この設問については法第4条の3第一項→施行規則第4条の2→施行規則別表第一に掲げられている品目のみが毒物劇物農業用品目販売業者が販売できる品目である。解答のとおり。

問5　2
〔解説〕
　　この設問については法第4条の3第二項→施行規則第4条の3→施行規則別表第二に掲げられている品目のみが毒物劇物特定品目販売業者が販売できる品目である。解答のとおり。

問6　2
〔解説〕
　　この設問では毒物劇物営業者における登録事項について、誤っていものはどれかとあるので、2が誤り。なお、このことは法第4条に基づいて法第6条で、①申請者の氏名及び住所(法人にあっては、その名称及び主たる事務所の所在地)、②製造業又は輸入業の登録にあっては、製造し、又は輸入しようとする毒物又は劇物の品目、③製造所、営業所又は店舗の所在地と規定されている。

問7　2
〔解説〕
　　この設問で正しいのは、bとdである。bは法第4条第4項の登録の更新。（現行は法第4条第3項となる。平成30年6月27日法律第63号。施行令和2年4月1日による。）　dは法第3条第3項ただし書規定において自ら製造した毒物及び劇物を販売することができる。設問のとおり。なお、aは内閣総理大臣ではなく厚生労働大臣。（現行は、第8次地域一括法（平成30年6月27日法律第63号。）→施行は令和2年4月1日で、都道府県知事へ移行された。）cの販売品目の種類は法第4条の2で、①一般販売業の登録、②農業用品目販売業の登録、③特定品目販売業の登録の3種類である。よってこの設問にある特定品目販売業の登録は規定されていない。

問8　4
〔解説〕
　　この設問で正しいのは、dのみである。dの特定毒物を所持できるのは、法第3条の2第10項で、①毒物劇物営業者、②特定毒物研究者、③特定毒物使用者である。なお、aにある販売業の登録の種類にある特定品目とは、法第4条の3第2項→施行規則第4条の3→施行規則別表第二に掲げられている20品目のみで、この品目は劇物。bについては法第15条第1項第一号で18歳未満の者の交付してならないと規定されている。cについては、薬局開設者である薬剤師が新たに毒物又は劇物を販売する際には、法第4条に基づいて新たに販売業の登録を受けなければならない。

問9　4
〔解説〕
　解答のとおり。

問10　2
〔解説〕
　　この設問で正しいのは、aとcである。aは法第8条第1項第一号のこと。cは法第7条第3項のこと。なお、bの一般毒物劇物取扱者試験に合格した者は、すべての製造所、営業所、店舗における毒物劇物取扱責任者になることができる。dは法第8条第2項第四号で、起算して5年を経過したではなく、起算して3年を経過していない者である。

問11　4
〔解説〕
　　この設問は法第10条における届出のことで、正しいのは4である。なお、1と2については届け出を要しない。3は登録を受けた毒物又は劇物以外を製造した場合とあるので、法第9条第1項により、あらかじめ登録の変更をうけなければならないである。

問12　3
〔解説〕
　　この設問は法第12条における毒物又は劇物の表示のことで正しいのは、bとdである。bは法第12条第1項のこと。dは法第12条第3項のこと。なお、aについては法第12条第2項で、①毒物又は劇物の名称、②毒物又は劇物の成分及びその含量、③有機燐化合物及びこれを含有する製剤たる毒物及び劇物については、解毒剤の名称を表示しなければならないである。cは法第12条第2項第三号で、中和剤の名称ではなく、解毒剤の名称である。

問 13　2

〔解説〕

　この設問は法第 12 条第 2 項第四号→施行規則第 11 条の 6 第 1 項第四号で、①販売業者の氏名及び住所、③毒物劇物取扱責任者の氏名である。

問 14　3

〔解説〕

　解答のとおり。

問 15　3

〔解説〕

　ホルムアルデヒド 37 ％含有する液体状のものを 1 回につき車両で運搬する場合、車両に備えなければならない防毒マスクについては、施行令第 40 条の 5 第 2 項第三号→施行規則第 13 条の 6 →施行規則別表第五で、有機ガス用防毒マスクを備えなければならない。なお、この他に保護具として、①保護手袋、②保護長ぐつ、③保護衣である。

問 16　3

〔解説〕

　解答のとおり。

問 17　2

〔解説〕

　この設問は毒物又は劇物を販売し、又は授与する際に毒物劇物営業者は。譲受人に対して情報提供しなければならない　　　　。その情報提供の内容について、施行規則第 13 条の 12 で規定されている。解答のとおり。

問 18　4

〔解説〕

　この設問は毒物又は劇物を紛失した際の措置のことである。なお、この設問にある法第 16 条の 2 については、第 8 次地域一括法（平成 30 年 6 月 27 日法律第 63 号。）→施行は令和 2 月 4 月 1 日より、法第 16 条の 2 から同第 17 条となった。

問 19　2

〔解説〕

　解答のとおり。

問 20　2

〔解説〕

　この設問は業務上取扱者の届出をする事業者についてで、法第 22 条第 1 項→施行令第 41 条及び同第 42 条のことであることから、この設問では、誤っているものはどれかとあるので 2 が誤り。2 は鼠の防除を行う事業者ではなく、しろありを行う防除を行う事業者である。

奈良県

令和２年度実施

（注）特定品目はありません

〔法規〕

（一般・農業用品目共通）

問１　２
〔解説〕
　　この設問は法第３条の２における特定毒物についてで、ｃが誤り。ｃの特定毒物を所持出来る者は、①毒物劇物営業者〔毒物又は劇物製造業者、同輸入業者、同販売業者〕、②特定毒物研究者、③特定毒物使用者である。このことは法第３条の２第10項に示されている。なお、ａは法第３条の２第２項に示されている。ｂは法第３条の２第１項に示されている。ｄは第３条の２第５項に示されている。

問２　４
〔解説〕
　　特定毒物の用途については、施行令で規定されている。このことから正しいのは、ｃとｄである。ｃは施行令第16条に示されている。ｄは施行令第１条に示されている。なお、ａのモノフルオール酢酸アミドは、かんきつ類、りんご、なし、ぶどう、かき等の果樹の害虫防除に使用される。施行令第22条に示されている。ｂのモノフルオール酢酸の塩類を含有する製剤は、野ねずみの駆除に使用される。施行令第11条に示されている。

問３　１
〔解説〕
　　法第３条の３→施行令32条の２において、興奮、幻覚又は麻酔の作用を有する物として、①トルエン、②酢酸エチル、トルエン又はメタノールを含有する接着剤、塗料及び閉そく用又はシーリングの充てん剤のこと。このことから１が正しい。

問４　１
〔解説〕
　　この設問は、製造所の設備基準についてで、ａとｂが正しい。なお、ｃについては、常時監視が行われていることではなく、堅固なさくが設けてあることである。ｄについては、毒物又は劇物とその他の物とを区分して貯蔵することができるである。

問５　５
〔解説〕
　　この設問で正しいのは、ｃのみである。ｃの毒物劇物一般販売業の登録を受けた者は、全ての毒物又は劇物を販売し、授与することができる。設問は正しい。なお、ａの毒物又は劇物輸入業者は、自ら輸入した毒物又は劇物を毒物劇物営業者に販売することができる。法第３状第３項ただし書きに示されている。ｂについては、伝票処理のみの方法で販売又は授与しようとする場合とあることから、毒物劇物取扱責任者は置かなくてもよい。ただし、毒物又は劇物の販売業の登録を要する。ｄは法第５条により、登録を取り消され、取消の日から３年を経過したではなく、2年を経過していないものはであるときは、登録を受けることができないである。

問６　１
〔解説〕
　　この設問で正しいのは、ｃのみが正しい。一般毒物劇物取扱者試験に合格した者は、全ての製造所、営業所、店舗の毒物劇物取扱責任者になることができる。設問のとおり。なお、ａについては、ただ試験に合格しただけでは駄目で、販売業の登録申請をしなければならない。ｂについては、他の都道府県においても毒物劇物取扱者になることができる。ｄでは、硫酸を製造する工場とあることから、毒物劇物取扱責任者になることはできない。法第８条第４項において、製造業(製造所)の毒物劇物取扱責任者になることはできない。

問７　３　　問８　５　　問９　３
〔解説〕
　　解答のとおり。

問10　4
〔解説〕
　法第10条は届出についてで、cとdが正しい。なお、aの法人の代表者を変更したとき、bの店舗の電話番号を変更したときについては届出を要しない。
問11　3
〔解説〕
　毒物又橋劇物の容器及び被包に掲げる事項は、①毒物又は劇物の名称、②毒物又は劇物の成分及びその含量、③有機燐化合物及びこれを含有する毒物又は劇物について解毒剤の名称(2－ピリジルアルドキシムメチオダイドの製剤及び硫酸アトロピンの製剤)である。このことからbとdが正しい。
問12　4
〔解説〕
　この設問は法第13条に示されている着色する農業用品目として規定されている。次のとおり。法第13条→施行令第39条で、①硫酸タリウムを含有する製剤たる劇物、燐化亜鉛を含有する製剤たる劇物→施行規則第12条で、あせにくい黒色で着色すると示されている。
問13　5
〔解説〕
　解答のとおり。
問14　3　　　問15　2　　　問16　1　　　問17　2
〔解説〕
　毒物又は劇物を廃棄する際には、法第15条→施行令第40条において、廃棄方法が示されている。解答のとおり。
問18
〔解説〕
　この設問にある施行令第40条の5は、毒物又は劇物についての運搬方法のこと。この設問では、過酸化水素35％を含有する製剤〔この品目は施行令別表第二掲げられている。〕で、1回につき5,000kg以上を車両で運搬する場合のことで、bのみが誤り。この設問の過酸化水素における車両に備えなければならい保護具は、①保護手袋、②保護長ぐつ、③保護衣、④普通ガス用防毒マスクを2人分以上備えなければならないである。〔施行令第40条の5第2項第二号→施行規則第13条の6に示されている。〕なお、aは施行令第40条の5第2項第四号のこと。cは施行令第40条の5第2項第二号→施行規則第13条の5の運搬する車両に掲げる標識のこと。dは施行令第40条の5第2項第一号→施行規則第13条の4に示されている。
問19　1　　　問20　5
〔解説〕
　解答のとおり。

〔基礎化学編〕

関西広域連合統一共通〔滋賀県、京都府、大阪府、和歌山県、兵庫県、徳島県〕

【令和元年度実施】

（一般・農業用品目・特定品目共通）

【問 21】 1

〔解説〕

　　解答のとおり

【問 22】 1

〔解説〕

　　窒素は直線型で三重結合をもつ。二酸化炭素も直線であり二重結合を2本持つ。

【問 23】 5

〔解説〕

　　硫酸は1分子で2つの水素イオンを出すことができる。

【問 24】 4

〔解説〕

　　メタンの分子量は 16 である。メタン 8 g のモル数は 0.5 mol であり、この化学反応式は　$CH_4 + 2O_2 \rightarrow CO_2 + 2H_2O$ である。メタン 0.5 mol が酸素と反応して生じる水のモル数は 1mol であるから、これに水の分子量 18 を乗じて、18 g となる。

【問 25】 1

〔解説〕

　　解答のとおり

【問 26】 3

〔解説〕

　　熱化学方程式では分数で係数が書かれることもある。

【問 27】 1

〔解説〕

　　平衡がどちらかに偏っている可能性があるので2の記述のような状態とは言えない。また、平衡は常に反応しており、見かけ上停止している状態である。

【問 28】 2

〔解説〕

　　解答のとおり

【問 29】 4

〔解説〕

　　水は水素結合をしており、沸点が異常に上がっている。またフッ化水素やアンモニアも水素結合をするが沸点は水ほど高くない。

【問 30】 4

〔解説〕

　　面神立方格子の1つの格子には立方体の頂点にある 1/8 の球が8つと、各面の中心にある 1/2 の球が6つから成る。また各粒子は 12 個の粒子と接している。

【問31】　3
〔解説〕
　　解答のとおり

【問32】　5
〔解説〕
　　空気中では銀は安定であるが銅は二酸化炭素と反応し緑青を生じる。銀も銅もどちらも希硫酸には溶解しない。酸化力のある酸に溶解する。臭化銀はフィルムの感光剤に用いられている。

【問33】　4
〔解説〕
　　アセチレンは水による水和反応を受けるが、直ちに異性化してアセトアルデヒド(CH_3CHO)を生じる。

【問34】　2
〔解説〕
　　塩化鉄(III)はフェノール性の OH を検出する試薬である。

【問35】　1
〔解説〕
　　酸性アミノ酸はアスパラギン酸とグルタミン酸などである。チロシンは芳香族アミノ酸、システインは含硫アミノ酸、リジンは塩基性アミノ酸である。

関西広域連合統一共通〔滋賀県、京都府、大阪府、和歌山県、兵庫県、徳島県〕

【令和2年度実施】

〔基礎化学〕
（一般・農業用品目・特定品目共通）

【問21】　2
〔解説〕
　メタン分子は炭素を中心に水素原子 4 つが正四面体の頂点に位置した構造を取っている無極性分子である。

【問22】　3
〔解説〕
　純物質とはただ 1 つの化合物あるいは元素からなる物質であり、混合物は純物質が複数混ざったものである。空気は窒素や酸素、アルゴン、二酸化炭素などが混ざった混合物であり、塩化ナトリウム NaCl は純物質である。液体の混合物を生成する方法には蒸留あるいは分留が適している。

【問23】　1
〔解説〕
　塩酸は（アルカリ側にある）フェノールフタレイン溶液を無色にする。0.1 mol/L の塩酸の pH は 1 である。

【問24】　5
〔解説〕
　同素体とは同じ元素からなる単体で、性質の異なるものである。

【問25】　4
〔解説〕
　0.1 mol/L 酢酸水溶液 10 mL を希釈し 100 mL にした時のモル濃度は 0.01 mol/L である。一方酢酸の電離度は 0.01 であるから、この希釈した酢酸水溶液の水素イオン濃度は $0.01 \times 0.01 = 0.0001 = 1.0 \times 10^{-4}$ である。よって pH は 4 となる。

【問26】
〔解説〕
　イオン結晶は固体では電気を流さないが、溶融あるいは溶解させることで電気伝導性を持つようになる。

【問27】　5
〔解説〕
　電池の負極では酸化反応が起こり、正極では還元反応が起こる。

【問28】　1
〔解説〕
　解答のとおり

【問29】　5
〔解説〕
　圧力を高めても低くしてもこの反応の平衡は変わらない。ヨウ化水素ガスを添加するとヨウ化水素を減少させる方向に平衡は移動する。温度を上げると吸熱方向に平衡は移動し、温度を下げると発熱方向に平衡は移動する。

【問30】
〔解説〕
　不揮発性の物質が溶解した溶液はもとの溶媒と比べて、蒸気圧降下、沸点上昇、凝固点降下が起こる。

【問31】　1
〔解説〕
　解答のとおり

【問32】　5
〔解説〕
　石灰水には Ca^{2+} が含まれており、これが二酸化炭素と反応し、水に溶けにくい炭酸カルシウム $CaCO_3$ が析出する。

【問 33】　　4
　〔解説〕
　　　　-CHO はアルデヒド基であり、カルボン酸は-COOH を有する。
【問 34】　　2
　〔解説〕
　　　　エステルは水に溶けにくく、有機溶媒に溶けやすい物質である。
【問 35】　　3
　〔解説〕
　　　　常温の水ではタンパク質は変性しない。

関西〔基礎化学解答・解説〕・令和二年

奈良県

〔基礎化学〕

![令和元年度実施]

（一般・農業用品目・特定品目共通）

問 21 ～ 31　問 21　4　　問 22　5　　問 23　2　　問 24　4　　問 25　4　　問 26　1

　　　　　　問 27　5　　問 28　1　　問 29　3　　問 30　1　　問 31　4

〔解説〕

　　　問 21　　　フッ素、塩素、窒素は気体、臭素は液体

　　　問 22　　　18 族元素の希ガス族は価電子が 0 である。

　　　問 23　　　ケイ素 Si、スカンジウム Sc、セレン Se、ストロンチウム Sr

　　　問 24　　　不飽和度はパルミチン酸とステアリン酸が 0、オレイン酸が 1、リノ
　　　　　　　　ール酸が 2、アラキドン酸が 4 である。

　　　問 25　　　キサントプロテイン反応は芳香族アミノ酸の確認、ニンヒドリン反
　　　　　　　　応はアミノ基の確認、ビウレット反応はペプチド結合の確認、ヨウ素でん
　　　　　　　　ぷん反応はでんぷんの確認に用いる。

　　　問 26　　　メタン CH_4 の水素原子 3 つがハロゲンに変わったものをトリハロメ
　　　　　　　　タンあるいはハロホルムという。CHI_3 ヨードホルム、$CHCl_3$ クロロホルム

　　　問 27　　　金属元素と非金属元素の結合はイオン結合である。

　　　問 28　　　塩酸は塩化水素を水に溶かした混合物である。

　　　問 29　　　電子 1 つを取り入れるときに放出されるエネルギーを電子親和力と
　　　　　　　　いう。電子 1 個取り去るのに必要なエネルギーをイオン化エネルギーとい
　　　　　　　　う。

　　　問 30　　　$-NO_2$ ニトロ基、$-CHO$ アルデヒド基、$-SO_3H$ スルホ基、$-COOH$ カル
　　　　　　　　ボキシル基

　　　問 31　　　マレイン酸は不飽和ジカルボン酸である。

問 32　1

〔解説〕

　　イオン化傾向の大きい金属が負極、小さい金属が正極となる。また正極では還
元反応、負極では酸化反応が起こる。

問 33　3

〔解説〕

　　水酸化ナトリウムを加えると水色の水酸化銅が沈殿する。炎色反応は緑である。
またアンモニア水を過剰に加えると錯イオンを形成し濃青色の液体になる。

問 34　4

〔解説〕

　　過マンガン酸カリウムは酸化剤としてのみ働く。

問 35　3

〔解説〕

　　水分子は折れ線型である。

問36　5
〔解説〕
　　2族の元素のうち Be と Mg を除いたものがアルカリ土類金属である。典型元素は 1, 2, 12 ～ 18 族の元素である。遷移金属元素は第 4 周期から現れる。

問37　4
〔解説〕
　　2-プロパノール水溶液は中性である。2-ブタノールは第二級アルコールである。

問38　2
〔解説〕
　　メタンが燃焼するときの化学反応式は $CH_4 + 2O_2 \rightarrow CO_2 + 2H_2O$ である。メタン 2.24 L は 0.1 モルなので、生じる水は 0.2 モルである。これに水の分子量 18 を乗じると 3.6 g となる。

問39　2
〔解説〕
　　この塩化カリウム溶液が 1L（1000 mL）あったとする。密度が 1.02g/cm³ であるから、この時の重さは 1000 × 1.02 ＝ 1020 g。このうちの 4%が塩化カリウムの重さであるから、1020 × 0.04 ＝ 40.8 g。よってこの溶液のモル濃度は溶質の重さを分子量 74.6 で割ったものであるから、40.8/74.6 ＝ 0.547 mol/L となる。

問40　3
〔解説〕
　　求める希硫酸の体積を V とする。0.02 × 2 × V ＝ 0.1 × 1 × 4, V ＝ 10 mL

奈良県

【令和2年度実施】

（注）特定品目はありません

〔基礎化学〕

（一般・農業用品目共通）

問21～31 次の記述について、（　　）の中に入れるべき字句のうち、**正しいものを1**つ選びなさい。

問21　次のうち、イオン化傾向が最も大きい元素は（　　）である。

　　1　Ca　　　2　Co　　　3　K　　　4　Ni　　　5　Li

問22　次のうち、アンモニアの工業的製法は（　　）である。

　　1　アンモニアソーダ法　　　2　オストワルト法　　　3　ハーバー・ボッシュ法
　　4　接触法　　　　　　　　　5　ホール・エルー法

問23　次のうち、石灰水に二酸化炭素を通じると生成する物質は（　　）である。

　　1　Na_2CO_3　　2　$MgCO_3$　　3　$CaCO_3$　　4　NaCl　　5　$CaCl_2$

問24　次のうち、原子番号12の元素は（　　）である。

　　1　Zn　　　2　Na　　　3　C　　　4　Al　　　5　Mg

問25　次のうち、一定温度において、一定量の気体の体積は圧力に反比例することを示す法則は（　　）である。

　　1　ボイルの法則　　　2　シャルルの法則　　　3　ラウールの法則
　　4　ドルトンの分圧の法則　　　　　5　ヘンリーの法則

問26　次のうち、両性酸化物である化合物は（　　）である。

　　1　CO_2　　2　P_4O_{10}　　3　CuO　　4　BaO　　　5　ZnO

問27　次のうち、ヒドロキシ基とカルボキシ基の両方をもつ化合物は（　　）である。

　　1　アセチルサリチル酸　　　2　p－ヒドロキシアゾベンゼン
　　3　サリチル酸　　　4　サリチル酸メチル　　　5　クメンヒドロペルオキシド

問28　HClO（次亜塩素酸）の塩素の酸化数は（　　）である。

　　1　－3　　　2　－1　　　3　0　　　4　＋1　　　5　＋3

問29　次のうち、硫酸性の過マンガン酸カリウム水溶液とシュウ酸水溶液が酸化還元反応すると発生する気体は（　　）である。

　　1　CO_2　　　2　O_2　　　3　H_2　　　4　Br_2　　　5　CO

問30　次のうち、炎色反応で黄色を示す元素は（　　）である。

　　1　Li　　　2　Sr　　　3　K　　　4　Na　　　5　Cu

問31　次のうち、アルキンは（　　）である。

　　1　アセチレン　　　　　　　2　ブタン　　　3　シクロペンタン
　　4　δ－バレロラクタム　　　5　1－ブテン

問 32　次の金属の化学的性質に関する記述のうち、**正しいもの**を 1 つ選びなさい。

1　Ca は、塩酸に溶けない。
2　Pt は、空気中（常温）で酸化されない。
3　Zn は、高温の水蒸気と反応しない。
4　Au は、王水に溶けない。

問 33　次の鉄イオン（Fe^{2+}、Fe^{3+}）の性質に関する記述のうち、**正しいもの**を 1 つ選びなさい。

1　Fe^{2+} の水溶液は黄褐色、Fe^{3+} の水溶液は淡緑色である。
2　Fe^{2+}、Fe^{3+} の配位数はいずれも 4 で、錯イオンは正四面体の構造をとる。
3　Fe^{2+} の水溶液にアンモニア水を加えるとゲル状沈殿を生成するが、この沈殿は過剰のアンモニア水を加えても溶解することはない。
4　Fe^{2+} を含む水溶液にチオシアン酸カリウム水溶液を加えると血赤色の溶液となる。

問 34　次の電気分解に関する記述のうち、**誤っているもの**を 1 つ選びなさい。

1　陽極では酸化反応がおこり、陰極では還元反応がおこる。
2　純水は電流がほとんど流れないため、電気分解を行うことはできない。
3　Ag^+ と Cu^{2+} を含む水溶液の電気分解では、最初に Cu が析出し、次に Ag が析出する。
4　陽極、陰極ともに白金電極を使用した塩化銅（II）水溶液の電気分解では、陽極に塩素が発生し、陰極に銅が析出する。

問 35　次のアルデヒドに関する記述のうち、**正しいもの**を 1 つ選びなさい。

1　アセトアルデヒドは、酸化するとギ酸になる。
2　アルデヒド基の検出方法の 1 つとして、バイルシュタイン反応がある。
3　エタノールを硫酸酸性のニクロム酸カリウム水溶液を用いて穏やかに酸化させるとホルムアルデヒドが得られる。
4　ホルマリンは、長く放置すると白い沈殿（パラホルムアルデヒド）を生じることがある。

問 36　次のベンゼンに関する記述のうち、**誤っているもの**を 1 つ選びなさい。

1　ベンゼンに鉄粉を加えて、等物質量の塩素を通じると、クロロベンゼンが生成する。
2　ベンゼンを酸素のない条件で、光を当てながら塩素を作用させると、ヘキサクロロシクロヘキサンが生成する。
3　ベンゼンに濃硝酸と濃硫酸の混合物を加えて約 60 ℃で反応させるとニトロトルエンが生成する。
4　ベンゼン環を持つ炭化水素を、芳香族炭化水素またはアレーンという。

問 37　次の同素体とその性質に関する記述のうち、**誤っているもの**を 1 つ選びなさい。

1　炭素の同素体としてグラファイト、ダイヤモンド、フラーレン等がある
2　ダイヤモンドは電気を通さないが、グラファイトは電気を通す。
3　酸素の同素体は存在しない。
4　硫黄の同素体である斜方硫黄と単斜硫黄では、常温においては斜方硫黄の方が安定である。

問 38 1.8×10^{24} 個の酸素分子は何 g になるか。**正しいもの**を 1 つ選びなさい。
（原子量：O = 16、アボガドロ定数：6.0×10^{23} /molとする。）

1　16 g　　　2　32g　　　3　64g　　　4　96g　　　5　128 g

問 39 40 ℃の硝酸カリウムの飽和水溶液 80g を 60 ℃に加熱すると、あと何 g の硝酸カリウムを溶かすことができるか。**正しいもの**を 1 つ選びなさい。ただし、固体の溶解度は溶媒（水）100g に溶けうる溶質の最大質量の数値（g）であり、硝酸カリウムの水に対する溶解度は 40 ℃で 60、60 ℃で 110 とする。

1　20 g　　　2　25g　　　3　30g　　　4　35g　　　5　40 g

問 40 プロパン（C_3H_8）とブタン（C_4H_{10}）を混合した気体 3 L を空気中で完全燃焼させたところ、二酸化炭素 11 L と水 14 L が生じた。この混合気体の完全燃焼に必要な空気の体積として、**正しいもの**を 1 つ選びなさい。ただし、空気は酸素と窒素が体積比で 1：4 の割合で混合したものとする。

1　18L　　　2　36L　　　3　72L　　　4　90L　　　5　108L

解答・解説編
〔実地〕

〔実　地　編〕
関西広域連合統一共通〔滋賀県、京都府、大阪府、和歌山県、兵庫県、徳島県〕
〔性質及び貯蔵その他取扱方法、識別〕
【令和元年度実施】

（一般）

【問36】　2
〔解説〕
　　この設問では劇物である製剤の正しい組合せはどれかとあるので、aとcが正しい。なお、bの塩化水素を含有する製剤は、10％以下は劇物から除外。dの過酸化尿素は、17％以下は劇物から除外される。

【問37】　5
〔解説〕
　　この設問は毒物に該当するものはどれかとあるので、cのヒドラジンとdのアリルアルコールが毒物である。なお、モノクロル酢酸とトルイジンは劇物。

【問38】　4
〔解説〕
　　フッ化水素の廃棄方法は沈殿法：多量の消石灰水溶液中に吹き込んで吸収させ、中和し、沈殿濾過して埋立処分する。

【問39】　4
〔解説〕
　　黄リン P_4 は、無色又は白色の蝋様の固体。毒物。別名を白リン。暗所で空気に触れるとリン光を放つ。水、有機溶媒に溶けないが、二硫化炭素には易溶。湿った空気中で発火する。空気に触れると発火しやすいので、水中に沈めてビンに入れ、さらに砂を入れた缶の中に固定し冷暗所で貯蔵する。

【問40】　2
〔解説〕
　　クロロプレンは劇物。無色の揮発性の液体。多くの有機溶剤に可溶。水に難溶。用途は合成ゴム原料等。火災の際は、有毒な塩化水素ガスを発生するので注意。貯蔵法は重合防止剤を加えて窒素置換し遮光して冷所で保管する。廃棄法は木粉（おが屑）等の可燃物を吸収させ、スクラバーを具備した焼却炉で少量ずつ燃焼させる。

【問41】　3
〔解説〕
　　解答のとおり。

【問42】　1
〔解説〕
　　メソミル（別名メトミル）は45％以下を含有する製剤は劇物。白色結晶。水、メタノール、アルコールに溶ける。有機燐系化合物。カルバメート剤なので、解毒

剤は硫酸アトロピン（PAM は無効）、SH 系解毒剤の BAL、グルタチオン等。用途は殺虫剤。

【問43】　5

〔解説〕

亜塩素酸ナトリウム $NaClO_2$ は劇物。白色の粉末。水に溶けやすい。加熱、摩擦により爆発的に分解する。用途は繊維、木材、食品等の漂白剤。。

【問44】　1

〔解説〕

この設問は b と c が正しい。なお、a のメタノール（メチルアルコール）CH_3OH：毒性は頭痛、めまい、嘔吐、視神経障害、失明。致死量に近く摂取すると麻酔状態になり、視神経がおかされ、目がかすみ、ついには失明することがある。

【問45】　2

〔解説〕

解答のとおり。

【問46】　2

〔解説〕

亜硝酸カリウム KNO_2 は劇物。白色又は微黄色の固体。潮解性がある。水に溶けるが、アルコールには溶けない。空気中では徐々に酸化する。用途は、工業用にジアゾ化合物製造用、写真用に使用される。また試薬として用いられる。

【問47】　3

〔解説〕

アニリン $C_6H_5NH_2$ は、新たに蒸留したものは無色透明油状液体、光、空気に触れて赤褐色を呈する。特有な臭気。水には難溶、有機溶媒には可溶。劇物。用途はタール中間物の製造原料、医薬品、染料、樹脂、香料等の原料。。

【問48】　3

〔解説〕

水酸化ナトリウム（別名：苛性ソーダ）$NaOH$ は、白色結晶性の固体。空気中に放置すると、水分と二酸化炭素を吸収して潮解する。水溶液を白金線につけて火炎中に入れると、ナトリウムの炎色反応を示す。

【問49】　4

〔解説〕

塩化亜鉛 $ZnCl_2$ は、白色の結晶で、空気に触れると水分を吸収して潮解する。水およびアルコールによく溶ける。

【問50】　5

〔解説〕

シュウ酸 $(COOH)_2 \cdot 2H_2O$ は、劇物（10 ％以下は除外）、無色稜柱状結晶、風解性、徐々に加熱すると昇華、急加熱により CO_2 と H_2O に分解。確認反応：1）カルシウムイオン Ca^{2+} によりシュウ酸カルシウム CaC_2O_4 の白色沈殿。2）還元剤なので $KMnO_4$（酸化剤、紫色）と酸化還元反応を起こし、Mn^{7+} が Mn^{2+}（肌色）になるため紫色が退色。

（農業用品目）

【問36】 2

〔解説〕

　この設問の劇物に該当するものは、aとcである。aのイソフェンホスは、5％以下を含有するものは劇物。cのエチレンクロルヒドリンを含有する含有する製剤は除外濃度される濃度がないので劇物。なお、bのアバメクチンを含有する製剤及びdのEPNを含有する製剤は1.8％以下は劇物で、それ以上の濃度は毒物である。

【問37】 5

〔解説〕

　この設問については、農業用品目販売業者が販売できるものは、法第4条の3→施行規則第4条の2→施行規則別表第一に掲げる品目で、これに該当するものは、cの硫酸とdのニコチンが該当する。

【問38】 4

〔解説〕

　この設問ではき廃棄方法の組合わせについて不適切なものはどれかとあるので、5のアンモニアが該当する。アンモニアの廃棄法は、次のとおり。廃棄方法は、水に溶かしてから酸で中和後、多量の水で希釈処理する中和法。

【問39】 4

〔解説〕

　ロテノンはデリスの根に含まれる。殺虫剤。酸素、光で分解するので遮光保存。2％以下は劇物から除外。

【問40】 2

〔解説〕

　シアン化ナトリウムNaCN(別名青酸ソーダ、シアンソーダ、青化ソーダ)は毒物。白色の粉末またはタブレット状の固体。酸と反応して有毒な青酸ガスを発生するため、酸とは隔離して、空気の流通が良い場所冷所に密封して保存する。廃棄法は、水酸化ナトリウム水溶液等でアルカリ性とし、高温加圧下で加水分解するアルカリ法。

【問41】 3

〔解説〕

　アセタミプリドは、劇物。白色結晶固体。2％以下は劇物から除外。アセトン、メタノール、エタノール、クロロホルなどの有機溶媒に溶けやすい。用途はネオニコチノイド系殺虫剤。

【問42】 1

〔解説〕

　この設問のイミノクタジンについて正しいのは、bのみである。イミノクタジンは、劇物。白色粉末(三酢酸塩の場合)。用途：工業は、果樹の腐らん病、麦類の斑葉病、芝の葉枯病殺菌。

【問43】 5

〔解説〕

　メチダチオンは劇物。灰白色の結晶。水には1％以下しか溶けない。有機溶媒に溶ける。有機燐化合物。用途は果樹、野菜、カイガラムシの防虫。

【問44】　1
〔解説〕
　　この設問の白色の結晶性粉末、粉剤で除草剤として用いるのは、1のダゾメットは劇物で除外される濃度はない。白色の結晶性粉末。融点は106〜10℃。用途は芝生等の除草剤。なお、ジメトエートは、白色の固体。用途は、稲のツマグロヨコバイ、ウンカ類、果樹のﾔﾉﾈｶｲｶﾞﾗﾑｼ、ミカンハモグリガ、ハダニ類、アブラムシ類、ハダニ類の駆除。ジクワットは、劇物で、ジピリジル誘導体で淡黄色結晶で、除草剤。ダイアファシノンは、黄色結晶性粉末で、用途は殺鼠剤。エチルチオメトンは、淡黄色の液体で、用途は有機燐系殺虫剤。

【問45】　2
〔解説〕
　　モノフルオール酢酸ナトリウム FCH_2COONa は重い白色粉末、吸湿性、冷水に易溶、メタノールやエタノールに可溶。野ネズミの駆除に使用。特毒。摂取により毒性発現。皮膚刺激なし、皮膚吸収なし。　モノフルオール酢酸ナトリウムの中毒症状：生体細胞内の TCA サイクル阻害（アコニターゼ阻害）。激しい嘔吐の繰り返し、胃疼痛、意識混濁、てんかん性痙攣、チアノーゼ、血圧下降。。

【問46】　2
〔解説〕
　　塩化亜鉛 $ZnCl_2$ は、白色結晶、潮解性、水に易溶。

【問47】　3
〔解説〕
　　EPN は、有機リン製剤、毒物（1.5％以下は除外で劇物）、芳香臭のある淡黄色油状（工業用製品）または融点 36℃の白色結晶。水に不溶、有機溶媒に可溶。不快臭。遅効性殺虫剤（アカダニ、アブラムシ、ニカメイチュウ等）。

【問48】　3
〔解説〕
　　エチオンは劇物。不揮発性の液体。キシレン、アセトン等の有機溶媒に可溶。水には不溶。有機リン製剤。用途は果樹ダニ類、クワガタカイガラムシ等に用いる。

【問49】　4
〔解説〕
　　硫酸タリウム Tl_2SO_4 は、劇物。白色結晶で、水にやや溶け、熱水に易溶、用途は殺鼠剤。硫酸タリウム 0.3％以下を含有し、黒色に着色され、かつ、トウガラシエキスを用いて著しくからく着味されているものは劇物から除外。。

【問50】　5
〔解説〕
　　エンドスルファン・ベンゾエピンは毒物。白色の結晶、工業用は黒褐色の固体。有機溶媒に溶ける。アルカリで分解する。水に不溶の有機塩素系農薬。水には溶けない。ほとんど臭気もない。キシレンに溶ける。用途は接触性殺虫剤で昆虫の駆除。

（特定品目）

【問36】　2

〔解説〕

　この設問における劇物に該当するものは、2の過酸化水素は、6％以下は劇物から除外であるが、設問は10％を含有する製剤とあるので劇物。なお、塩化水素は10％以下は劇物から除外。メタノールは除外される濃度はない。本体のみ劇物。水酸化カルシウムは毒劇物に指定されていない。硝酸は10％以下は劇物から除外。

【問37】　5

〔解説〕

　酢酸メチルは毒劇物に該当しない。

【問38】　4

〔解説〕

　この設問のクロロホルムについて誤っているのは、4が誤り。クロロホルムCHCl₃は、無色、揮発性の液体で特有の香気とわずかな甘みをもち、麻酔性がある。空気中で日光により分解し、塩素、塩化水素、ホスゲンを生じるので、少量のアルコールを安定剤として入れて冷暗所に保存。

【問39】　4

〔解説〕

　ホルムアルデヒドHCHOは還元性なので、廃棄はアルカリ性下で酸化剤で酸化した後、水で希釈処理する（①酸化法）。②燃焼法　では、アフターバーナーを具備した焼却炉でアルカリ性とし、過酸化水素水を加えて分解させ多量の水で希釈して処理する。③活性汚泥法。

【問40】　2

〔解説〕

　この設問で誤っているのは、2である。水酸化ナトリウムの貯蔵法は次のとおり。水酸化ナトリウム（別名：苛性ソーダ）NaOHは、白色結晶性の固体。水と炭酸を吸収する性質が強い。空気中に放置すると、潮解して徐々に炭酸ソーダの皮層を生ずる。貯蔵法については潮解性があり、二酸化炭素と水を吸収する性質が強いので、密栓して貯蔵する。

【問41】　3

〔解説〕

　塩化水素HClは酸性なので、石灰乳などのアルカリで中和した後、水で希釈する中和法。四塩化炭素CCl₄は有機ハロゲン化物で難燃性のため、可燃性溶剤や重油とともにアフターバーナーを具備した焼却炉で燃焼させる燃焼法。

【問42】　1

〔解説〕

　酢酸エチルCH₃COOC₂H₅（別名酢酸エチルエステル、酢酸エステル）は、劇物。強い果実様の香気ある可燃性無色の液体。揮発性がある。蒸気は空気より重い。引火しやすい。水にやや溶けやすい。

【問43】　5

〔解説〕

　bが正しい。トルエンC₆H₅CH₃特有な臭いの無色液体。水に不溶。比重1以下。可燃性。揮発性有機溶媒。貯蔵方法は直射日光を避け、風通しの良い冷暗所に、火気を避けて保管する。

【問44】　1
〔解説〕
　　ホルムアルデヒド HCHO は、無色あるいは無色透明の液体で、刺激性の臭気を
もち、寒冷にあえば混濁することがある。<u>空気中の酸素によって一部酸化されて
蟻酸を生じる。</u>
【問45】　2
〔解説〕
　　a と c が正しい。水酸化カリウム水溶液＋酒石酸水溶液→白色結晶性沈澱(酒石
酸カリウムの生成)。不燃性であるが、アルミニウム、鉄、すず等の金属を腐食し、
水素ガスを発生。これと混合して引火爆発する。水溶液を白金線につけガスバー
ナーに入れると、<u>炎が紫色に変化する。</u>
【問46】　2
〔解説〕
　　2 が誤り。塩素 Cl_2 は劇物。黄緑色の気体で激しい刺激臭がある。冷却すると、
黄色溶液を経て黄白色固体。水にわずかに溶ける。沸点-34.05℃。強い酸化力を
有する。極めて反応性が強く、水素又はアセチレンと爆発的に反応する。水分の
存在下では、各種金属を腐食する。水溶液は酸性を呈する。粘膜接触により、刺
激症状を呈する。廃棄法：アルカリ法と還元法がある。
【問47】　3
〔解説〕
　　a が誤り。次のとおり。四塩化炭素(テトラクロロメタン)CCl_4 は、劇物。揮発
性、麻酔性の芳香を有する無色の重い液体。水に溶けにくく有機溶媒には溶けや
すい。強熱によりホスゲンを発生。蒸気は空気より重く、低所に滞留する。
【問48】　3
〔解説〕
　　解答のとおり。
【問49】　4
〔解説〕
　　クロム酸塩類の識別方法は、クロム酸イオンは黄色、重クロム酸は赤色。これ
は中性またはアルカリ性溶液では黄色のクロム酸として、酸性溶液では赤色の重ク
ﾛﾑ酸として存在する。
【問50】　5
〔解説〕
　　c と d が正しい。なお、酸化水銀(Ⅱ)HgO は、別名酸化第二水銀、鮮赤色ない
し橙赤色の無臭の結晶性粉末のものと橙黄色ないし黄色の無臭の粉末とがある。
水にほとんど溶けず、希塩酸、硝酸、シアン化アルカリ溶液に溶ける。アンモニ
ア NH_3 は、常温では無色刺激臭の気体、冷却圧縮すると容易に液化する。水、エ
タノール、エーテルに可溶。強いアルカリ性を示し、腐食性は大。水溶液は弱ア
ルカリ性を呈する。

関西広域連合統一共通〔滋賀県、京都府、大阪府、和歌山県、兵庫県、徳島県〕

〔毒物及び劇物の性質及び貯蔵その他取扱方法、識別〕

【令和2年度実施】

（一般）

【問36】　2
〔解説〕
　　この設問では劇物である製剤の正しい組合せはどれかとあるので、aとcが正しい。なお、bの塩化水素を含有する製剤は、10％以下は劇物から除外。dの過酸化尿素は、17％以下は劇物から除外される。

【問37】　5
〔解説〕
　　この設問は毒物に該当するものはどれかとあるので、cのヒドラジンとdのアリルアルコールが毒物である。なお、モノクロル酢酸とトルイジンは劇物。

【問38】　4
〔解説〕
　　フッ化水素の廃棄方法は沈殿法：多量の消石灰水溶液中に吹き込んで吸収させ、中和し、沈殿濾過して埋立処分する。

【問39】　4
〔解説〕
　　黄リン P_4 は、無色又は白色の蝋様の固体。毒物。別名を白リン。暗所で空気に触れるとリン光を放つ。水、有機溶媒に溶けないが、二硫化炭素には易溶。湿った空気中で発火する。空気に触れると発火しやすいので、水中に沈めてビンに入れ、さらに砂を入れた缶の中に固定し冷暗所で貯蔵する。

【問40】　2
〔解説〕
　　クロロプレンは劇物。無色の揮発性の液体。多くの有機溶剤に可溶。水に難溶。用途は合成ゴム原料等。火災の際は、有毒な塩化水素ガスを発生するので注意。貯蔵法は重合防止剤を加えて窒素置換し遮光して冷所で保管する。廃棄法は木粉（おが屑）等の可燃物を吸収させ、スクラバーを具備した焼却炉で少量ずつ燃焼させる。

【問41】　3
〔解説〕
　　解答のとおり。

【問42】　1
〔解説〕
　　メソミル（別名メトミル）は45％以下を含有する製剤は劇物。白色結晶。水、メタノール、アルコールに溶ける。有機燐系化合物。カルバメート剤なので、解毒剤は硫酸アトロピン（PAMは無効）、SH系解毒剤のBAL、グルタチオン等。用途は殺虫剤。

【問43】　5
〔解説〕
　　亜塩素酸ナトリウム $NaClO_2$ は劇物。白色の粉末。水に溶けやすい。加熱、摩擦により爆発的に分解する。用途は繊維、木材、食品等の漂白剤。。

【問44】　1
〔解説〕
　　この設問はbとcが正しい。なお、aのメタノール（メチルアルコール）CH_3OH：毒性は頭痛、めまい、嘔吐、視神経障害、失明。致死量に近く摂取すると麻酔状態になり、視神経がおかされ、目がかすみ、ついには失明することがある。

【問 45】　2
〔解説〕
　　解答のとおり。
【問 46】　2
〔解説〕
　　亜硝酸カリウム KNO$_2$は劇物。白色又は微黄色の固体。潮解性がある。水に溶けるが、アルコールには溶けない。空気中では徐々に酸化する。用途は、工業用にジアゾ化合物製造用、写真用に使用される。また試薬として用いられる。
【問 47】　3
〔解説〕
　　アニリン C$_6$H$_5$NH$_2$ は、新たに蒸留したものは無色透明油状液体、光、空気に触れて赤褐色を呈する。特有な臭気。水には難溶、有機溶媒には可溶。劇物。用途はタール中間物の製造原料、医薬品、染料、樹脂、香料等の原料。。
【問 48】　3
〔解説〕
　　水酸化ナトリウム(別名：苛性ソーダ)NaOH は、白色結晶性の固体。空気中に放置すると、水分と二酸化炭素を吸収して潮解する。水溶液を白金線につけて火炎中に入れると、ナトリウムの炎色反応を示す。
【問 49】　4
〔解説〕
　　塩化亜鉛 ZnCl$_2$ は、白色の結晶で、空気に触れると水分を吸収して潮解する。水およびアルコールによく溶ける。
【問 50】　5
〔解説〕
　　シュウ酸(COOH)$_2$・2H$_2$O は、劇物(10 ％以下は除外)、無色稜柱状結晶、風解性、徐々に加熱すると昇華、急加熱により CO$_2$ と H$_2$O に分解。確認反応：1) カルシウムイオン Ca^{2+}によりシュウ酸カルシウム CaC$_2$O$_4$ の白色沈殿。2) 還元剤なので KMnO$_4$(酸化剤、紫色)と酸化還元反応を起こし、Mn^{7+}が Mn^{2+}(肌色)になるため紫色が退色。

（農業用品目）
【問 36】　2
〔解説〕
　　この設問の劇物に該当するものは、a と c である。a のイソフェンホスは、5 ％以下を含有するものは劇物。c のエチレンクロルヒドリンを含有する含有する製剤は除外濃度される濃度がないので劇物。なお、b のアバメクチンを含有する製剤及び d の EPN を含有する製剤 は 1.8 ％以下は劇物で、それ以上の濃度は毒物である。
【問 37】　5
〔解説〕
　　この設問については、農業用品目販売業者が販売できるものは、法第 4 条の 3
→施行規則第 4 条の 2 →施行規則別表第一に掲げる品目で、これに該当するものは、c の硫酸と d のニコチンが該当する。
【問 38】　4
〔解説〕
　　この設問ではき廃棄方法の組合わせについて不適切なものはどれかとあるので、5 のアンモニアが該当する。アンモニアの廃棄法は、次のとおり。廃棄方法は、水に溶かしてから酸で中和後、多量の水で希釈処理する中和法。
【問 39】　4
〔解説〕
　　ロテノンはデリスの根に含まれる。殺虫剤。酸素、光で分解するので遮光保存。2 ％以下は劇物から除外。
【問 40】　2
〔解説〕
　　シアン化ナトリウム NaCN(別名青酸ソーダ、シアンソーダ、青化ソーダ)は毒物。白色の粉末またはタブレット状の固体。酸と反応して有毒な青酸ガスを発生するため、酸とは隔離して、空気の流通が良い場所冷所に密封して保存する。廃棄法は、水酸化ナトリウム水溶液等でアルカリ性とし、高温加圧下で加水分解するアルカリ法。

【問 41】　　3
〔解説〕
　　アセタミプリドは、劇物。白色結晶固体。2％以下は劇物から除外。アセトン、メタノール、エタノール、クロロホルムなどの有機溶媒に溶けやすい。用途はネオニコチノイド系殺虫剤。
【問 42】　　1
〔解説〕
　　この設問のイミノクタジンについて正しいのは、bのみである。イミノクタジンは、劇物。白色粉末(三酢酸塩の場合)。用途：工業は、果樹の腐らん病、麦類の斑葉病、芝の葉枯病殺菌。
【問 43】　　5
〔解説〕
　　メチダチオンは劇物。灰白色の結晶。水には1％以下しか溶けない。有機溶媒に溶ける。有機燐化合物。用途は果樹、野菜、カイガラムシの防虫。
【問 44】　　1
〔解説〕
　　この設問の白色の結晶性粉末、粉剤で除草剤として用いるのは、1のダゾメットは劇物で除外される濃度はない。白色の結晶性粉末。融点は 106 〜 10 ℃。用途は芝生等の除草剤。なお、ジメトエートは、白色の固体。用途は、稲のツマグロヨコバイ、ウンカ類、果樹のヤノネカイガラムシ、ミカンハモグリガ、ハダニ類、アブラムシ類、ハダニ類の駆除。ジクワットは、劇物で、ジピリジル誘導体で淡黄色結晶で、除草剤。ダイアジノンは、黄色結晶性粉末で、用途は殺鼠剤。エチルチオメトンは、淡黄色の液体で、用途は有機燐系殺虫剤。
【問 45】　　2
〔解説〕
　　モノフルオール酢酸ナトリウム FCH_2COONa は重い白色粉末、吸湿性、冷水に易溶、メタノールやエタノールに可溶。野ネズミの駆除に使用。特毒。摂取により毒性発現。皮膚刺激なし、皮膚吸収なし。　モノフルオール酢酸ナトリウムの中毒症状：生体細胞内の TCA サイクル阻害(アコニターゼ阻害)。激しい嘔吐の繰り返し、胃疼痛、意識混濁、てんかん性痙攣、チアノーゼ、血圧下降。。
【問 46】　　2
〔解説〕
　　塩化亜鉛 $ZnCl_2$ は、白色結晶、潮解性、水に易溶。
【問 47】　　3
〔解説〕
　　EPN は、有機リン製剤、毒物(1.5％以下は除外で劇物)、芳香臭のある淡黄色油状(工業用製品)または融点 36 ℃の白色結晶。水に不溶、有機溶媒に可溶。不快臭。遅効性殺虫剤(アカダニ、アブラムシ、ニカメイチュウ等)。
【問 48】　　3
〔解説〕
　　エチオンは劇物。不揮発性の液体。キシレン、アセトン等の有機溶媒に可溶。水には不溶。有機リン製剤。用途は果樹ダニ類、クワガタカイガラムシ等に用いる。
【問 49】　　4
〔解説〕
　　硫酸タリウム Tl_2SO_4 は、劇物。白色結晶で、水にやや溶け、熱水に易溶、用途は殺鼠剤。硫酸タリウム 0.3％以下を含有し、黒色に着色され、かつ、トウガラシエキスを用いて著しくからく着味されているものは劇物から除外。。
【問 50】　　5
〔解説〕
　　エンドスルファン・ベンゾエピンは毒物。白色の結晶、工業用は黒褐色の固体。有機溶媒に溶ける。アルカリで分解する。水に不溶の有機塩素系農薬。水には溶けない。ほとんど臭気もない。キシレンに溶ける。用途は接触性殺虫剤で昆虫の駆除。

（特定品目）

【問36】 2
〔解説〕
　この設問における劇物に該当するものは、2の過酸化水素は、6％以下は劇物から除外であるが、設問は10％を含有する製剤とあるので劇物。なお、塩化水素は10％以下は劇物から除外。メタノールは除外される濃度はない。本体のみ劇物。水酸化カルシウムは毒劇物に指定されていない。硝酸は10％以下は劇物から除外。

【問37】 5
〔解説〕
　酢酸メチルは毒劇物に該当しない。

【問38】 4
〔解説〕
　この設問のクロロホルムについて誤っているのは、4が誤り。クロロホルム $CHCl_3$ は、無色、揮発性の液体で特有の香気とわずかな甘みをもち、麻酔性がある。空気中で日光により分解し、塩素、塩化水素、ホスゲンを生じるので、少量のアルコールを安定剤として入れて冷暗所に保存。

【問39】 4
〔解説〕
　ホルムアルデヒド $HCHO$ は還元性なので、廃棄はアルカリ性下で酸化剤で酸化した後、水で希釈処理する（①酸化法）。②燃焼法　では、アフターバーナーを具備した焼却炉でアルカリ性とし、過酸化水素水を加えて分解させ多量の水で希釈して処理する。③活性汚泥法。

【問40】 2
〔解説〕
　この設問で誤っているのは、2である。水酸化ナトリウムの貯蔵法は次のとおり。水酸化ナトリウム（別名：苛性ソーダ）$NaOH$ は、白色結晶性の固体。水と炭酸を吸収する性質が強い。空気中に放置すると、潮解して徐々に炭酸ソーダの皮層を生ずる。貯蔵法については潮解性があり、二酸化炭素と水を吸収する性質が強いので、密栓して貯蔵する。

【問41】 3
〔解説〕
　塩化水素 HCl は酸性なので、石灰乳などのアルカリで中和した後、水で希釈する中和法。四塩化炭素 CCl_4 は有機ハロゲン化物で難燃性のため、可燃性溶剤や重油とともにアフターバーナーを具備した焼却炉で燃焼させる燃焼法。

【問42】 1
〔解説〕
　酢酸エチル $CH_3COOC_2H_5$（別名酢酸エチルエステル、酢酸エステル）は、劇物。強い果実様の香気ある可燃性無色の液体。揮発性がある。蒸気は空気より重い。引火しやすい。水にやや溶けやすい。

【問43】 5
〔解説〕
　b が正しい。トルエン $C_6H_5CH_3$ 特有の臭いの無色液体。水に不溶。比重1以下。可燃性。揮発性有機溶媒。貯蔵方法は直射日光を避け、風通しの良い冷暗所に、火気を避けて保管する。

【問44】 1
〔解説〕
　ホルムアルデヒド $HCHO$ は、無色あるいは無色透明の液体で、刺激性の臭気をもち、寒冷にあえば混濁することがある。空気中の酸素によって一部酸化されて蟻酸を生じる。

【問45】 2
〔解説〕
　a と c が正しい。水酸化カリウム水溶液＋酒石酸水溶液→白色結晶性沈澱（酒石酸カリウムの生成）。不燃性であるが、アルミニウム、鉄、すず等の金属を腐食し、水素ガスを発生。これと混合して引火爆発する。水溶液を白金線につけガスバーナーに入れると、炎が紫色に変化する。

【問46】 2
〔解説〕
　2が誤り。塩素 Cl_2 は劇物。黄緑色の気体で激しい刺激臭がある。冷却すると、黄色溶液を経て黄白色固体。水にわずかに溶ける。沸点-34.05℃。強い酸化力を

有する。極めて反応性が強く、水素又はアセチレンと爆発的に反応する。水分の存在下では、各種金属を腐食する。水溶液は酸性を呈する。粘膜接触により、刺激症状を呈する。廃棄法：アルカリ法と還元法がある。

【問 47】　3
〔解説〕
　　a が誤り。次のとおり。四塩化炭素(テトラクロロメタン)CCl₄ は、劇物。揮発性、麻酔性の芳香を有する無色の重い液体。水に溶けにくく有機溶媒には溶けやすい。強熱によりホスゲンを発生。蒸気は空気より重く、低所に滞留する。

【問 48】　3
〔解説〕
　　解答のとおり。

【問 49】　4
〔解説〕
　　クロム酸塩類の識別方法は、クロム酸イオンは黄色、重クロム酸は赤色。これは中性またはアルカリ性溶液では黄色のクロム酸として、酸性溶液では赤色の重クロム酸として存在する。

【問 50】　5
〔解説〕
　　c と d が正しい。なお、酸化水銀(Ⅱ)HgO は、別名酸化第二水銀、鮮赤色ないし橙赤色の無臭の結晶性粉末のものと橙黄色ないし黄色の無臭の粉末とがある。水にほとんど溶けず、希塩酸、硝酸、シアン化アルカリ溶液に溶ける。アンモニア NH₃ は、常温では無色刺激臭の気体、冷却圧縮すると容易に液化する。水、エタノール、エーテルに可溶。強いアルカリ性を示し、腐食性は大。水溶液は弱アルカリ性を呈する。

〔取扱・実地〕

奈良県
【令和元年度実施】

（一般）

問 41　2
〔解説〕
　　ギ酸は劇物であり、分子式は CH_2O_2 である。

問 42　4
〔解説〕
　　四エチル鉛$(C_2H_5)_4Pb$（別名エチル液）は、特定毒物。純品は無色の揮発性液体。特殊な臭気があり、引火性がある。水にほとんど溶けない。金属に対して腐食性がある。

問 43～47　問 43　3　　問 44　1　　問 45　2　　問 46　4　　問 47　5
〔解説〕
　　問 43　アジ化ナトリウム NaN_3 は、毒物、無色板状結晶、水に溶けアルコールに溶け難い。エーテルに不溶。徐々に加熱すると分解し、窒素とナトリウムを発生。酸によりアジ化水素 HN_3 を発生。　　問 44　DDVP（別名ジクロルボス）は有機リン製剤で接触性殺虫剤。刺激性で微臭のある比較的揮発性の無色油状液体、水に溶けにくく、有機溶媒に易溶。水中では徐々に分解。　　問 45　硝酸ストリキニーネは、毒物。無色針状結晶。水、エタノール、グリセリン、クロロホルムに可溶。エーテルには不溶。　　問 46 リン化水素（別名ホスフィン）は無色、腐魚臭の気体。気体は自然発火する。水にわずかに溶け、酸素及びハロゲンとは激しく結合する。エタノール、エーテルに溶ける。　　問 47　5 ヨウ化メチル CH_3I は、無色または淡黄色透明液体、低沸点、光により I_2 が遊離して褐色になる（一般にヨウ素化合物は光により分解し易い）。エタノール、エーテルに任意の割合に混合する。水に可溶である。

問 48～51　問 48　3　　問 49　1　　問 50　4　　問 51　2
〔解説〕
　　解答のとおり。

問 52～55　問 52　4　　問 53　2　　問 54　3　　問 55　1
〔解説〕
　　問 52　アクリルアミドは無色の結晶。土木工事用の土質安定剤、接着剤、凝集沈殿促進剤などに用いられる。　　問 53　ジメチルアミン$(CH_3)_2NH$ は、劇物。無色で魚臭様（強アンモニア臭）の臭気のある気体。水溶液は強いアルカリ性を呈する。用途は界面活性剤の原料等。　　問 54　水銀 Hg は常温で唯一の液体の金属である。銀白色の重い流動性がある。常温でも僅かに揮発する。毒物。比重 13.6。用途は工業用として寒暖計、気圧計、水銀ランプ、歯科用アマルガムなど。
　　問 55　フェノールは種々の薬品合成の原料となっている。その他にも防腐剤、殺菌剤に用いられる。

問56　1
〔解説〕
　　この設問であやまっているものは b の三酸化二砒素である。三酸化二砒素(亜砒酸)は、毒物。無色、結晶性の物質。200 ℃に熱すると、溶解せずに昇華する。水にわずかに溶けて亜砒酸を生ずる。貯蔵法は少量ならばガラス壜に密栓し、大量ならば木樽に入れる。

問57〜60　問57　1　　問58　3　　問59　2　　問60　4
〔解説〕
　　問57　ダイアジノンは、有機リン製剤。接触性殺虫剤、かすかにエステル臭をもつ無色の液体、水に難溶、有機溶媒に可溶。付近の着火源となるものを速やかに取り除く。空容器にできるだけ回収し、その後消石灰等の水溶液を多量の水を用いて洗い流す。　　問58　過酸化ナトリウム(Na_2O_2)は劇物。純粋なものは白色。一般には淡黄色。常温で水と激しく反応して酸素を発生し水酸化ナトリウムを生ずる。用途は工業陽に酸化剤、漂白剤として使用されるほか、試薬に使用される。飛散したものは、空容器にできるだけ回収する。回収したものは、発火の恐れがあるので速やかに回収多量の水で流して処理する。なお、回収してた後は、多量の水で洗い流す。　　問59　エチレンオキシドは、劇物。快臭のある無色のガス、水、アルコール、エーテルに可溶。可燃性ガス、反応性に富む。付近の着火源となるものを速やかに取り除き、漏えいしたボンベ等告別多量の水に容器ごと投入してガスを吸収させ、処理し、その処理液を多量の水で希釈して洗い流す。

　　問60　砒酸は毒物。無色透明な微小な板状結晶または結晶性粉末。水、アルコール、グリセリンに溶ける。用途は、砒酸鉛、砒酸石炭、フクシンその他医薬用砒素剤の原料として使用される。飛散したものは、空容器にできるだけ回収する。そのあとを硫酸鉄(Ⅲ)等の水溶液を散布し、水酸化カルシウム、炭酸ナトリウム等の水溶液を用いて処理した後、多量の水で洗い流す。

（農業用品目）
問41　2
〔解説〕
　　農業用品目販売業者が販売できる品目は、法第4条の3第1項→施行規則第4条の2→施行規則別表第一に掲げる品目である。この設問では農業用品目販売業者が販売できない品目とあるので、クロロ酢酸ナトリウムが該当する。

問42〜44　問42　2　　問43　3　　問44　4
〔解説〕
　　劇物としての指定から除外される濃度については、法第2条第2項→法別表第二→指定令第2条に規定されている。解答のとおり。

問45〜47　問45　4　　問46　　　2　　問47　1
〔解説〕
　　問45　ブロムメチル CH_3Br は可燃性・引火性が高いため、火気・熱源から遠ざけ、直射日光の当たらない換気性のよい冷暗所に貯蔵する。耐圧等の容器は錆防止のため床に直置きしない。漏えいした場合：漏えいした液は、土砂等でその流れを止め、液が拡がらないようにして蒸発させる。　　問46　メソミル(別名メトミル)は、劇物。白色の結晶。水、メタノール、アセトンに溶ける。カルバメート剤なので、解毒剤は硫酸アトロピン(PAM は無効)、SH 系解毒剤の BAL、グ

ルタチオン等。漏えいした場合：飛散したものは空容器にできるだけ回収し、そのあとを消石灰等の水溶液を用いて処理し、多量の水を用いて洗い流す。　**問47**　燐化アルミニウムとその分解促進剤とを含有する製剤(ホストキシン)は、特定毒物。無色の窒息性ガス。大気中の湿気に触れると、徐々に分解して有毒な燐化水素ガスを発生する。分解すると有毒ガスを発生する。飛散したものの表面を速やかに土砂等で覆い、燐化アルミニウムで汚染された土砂等も同様の措置をし、そのあとを多量の水を用いて洗い流す。

問48　4
〔解説〕
　この設問のクロルピクリンについては、c と d が正しい。なお、クロルピクリン CCl_3NO_2 は、無色～淡黄色液体、催涙性、粘膜刺激臭。水に不溶。アルコール、エーテルなどには溶ける。用途は線虫駆除、土壌燻蒸剤(土壌病原菌、センチュウ等の駆除)。

問49　4
〔解説〕
　この設問のイソキサチオンについては、c と d が正しい。なお、イソキサチオンは有機リン剤、劇物(2 %以下除外)、淡黄褐色液体、水に難溶、有機溶剤に易溶、アルカリには不安定。用途はミカン、稲、野菜、茶等の害虫駆除。(有機燐系殺虫剤)

問50 ～ 53　　問50　2　　　問51　4　　　問52　3　　　問53　1
〔解説〕
　問50　アンモニア NH_3 は無色刺激臭をもつ空気より軽い気体。水に溶け易く、その水溶液はアルカリ性でアンモニア水。廃棄法はアルカリなので、水で希釈後に酸で中和し、さらに水で希釈処理する中和法。　**問51**　塩素酸ナトリウム $NaClO_3$ は、無色無臭結晶、酸化剤、水に易溶。廃棄方法は、過剰の還元剤の水溶液を希硫酸酸性にした後に、少量ずつ加え還元し、反応液を中和後、大量の水で希釈処理。**問52**　DDVP は劇物。刺激性があり、比較的揮発性の無色の油状の液体。水に溶けにくい。廃棄方法は木粉(おが屑)等に吸収させてアフターバーナー及びスクラバーを具備した焼却炉で焼却する燃焼法と 10 倍量以上の水と攪拌しながら加熱乾留して加水分解し、冷却後、水酸化ナトリウム等の水溶液で中和するアルカリ法。　**問53**　硫酸 H_2SO_4 は酸なので廃棄方法はアルカリで中和後、水で希釈する中和法。

問54 ～ 57　　問54　3　　問55　2　　問56　1　　問57　4
〔解説〕
　問54　エチルジフェニルジチオホスフェイト(別名　エジフェンホス、EDDP)は劇物。黄色～淡褐色透明な液体、特異臭、水に不溶、有機溶媒に可溶。有機リン製剤、劇物(2 %以下は除外)、殺菌剤。　**問55**　塩素酸ナトリウム $NaClO_3$ は、無色無臭結晶、酸化剤、水に易溶。有機物や還元剤との混合物は加熱、摩擦、衝撃などにより爆発することがある。用途は除草剤、酸化剤、抜染剤。　**問56**　2 －ジフェニルアセチル－ 1・3 －インダンジオン(別名　ダイファシノン)は、黄色結晶性粉末、アセトン、酢酸に溶け、水に難溶。殺鼠剤。　**問57**　テフルトリンは、5 %を超えて含有する製剤は毒物。0.5 %以下を含有する製剤は劇物。淡褐色固体。水にほとんど溶けない。有機溶媒に溶けやすい。用途は野菜等のコガネムシ類等の土壌害虫を防除する農薬(ピレスロイド系農薬)。

問58～60　　問58　4　　問59　2　　問60　3
〔解説〕
　　　問58　無機銅塩類(硫酸銅等。ただし、雷銅を除く)の毒性は、緑色、または青色のものを吐く。のどが焼けるように熱くなり、よだれがながれ、しばしば痛むことがある。急性の胃腸カタルをおこすとともに血便を出す。　　　問59　モノフルオール酢酸ナトリウムは有機フッ素系である。有機フッ素化合物の中毒：TCAサイクルを阻害し、呼吸中枢障害、激しい嘔吐、てんかん様痙攣、チアノーゼ、不整脈など。治療薬はアセトアミド。　　　問60　硫酸タリウム Tl_2SO_4 は、白色結晶で、水にやや溶け、熱水に易溶、劇物、殺鼠剤。中毒症状は、疝痛、嘔吐、震せん、けいれん麻痺等の症状に伴い、しだいに呼吸困難、虚脱症状を呈する。治療法は、カルシウム塩、システインの投与。抗けいれん剤(ジアゼパム等)の投与。

(特定品目)

問41～48　問41　3　　問42　2　　問43　4　　問44　1　　問45　1
　　　　　　問46　4　　問47　3　　問48　2
〔解説〕
　　　解答のとおり。
問49～52　問49　4　　問50　2　　問51　1　　問52　3
〔解説〕
　　　解答のとおり。
問53～56　問53　4　　問54　1　　問55　3　　問56　2
〔解説〕
　　　問53　硅弗化ナトリウムは劇物。無色の結晶。水に溶けにくい。アルコールにも溶けない。　水に溶かし、消石灰等の水溶液を加えて処理した後、希硫酸を加えて中和し、沈殿濾過して埋立処分する分解沈殿法。　　　問54　キシレン $C_6H_4(CH_3)_2$ は、C、Hのみからなる炭化水素で揮発性なので珪藻土に吸着後、焼却炉で焼却(燃焼法)。　　　問55　ホルマリンはホルムアルデヒド HCHO の水溶液で劇物。無色あるいはほとんど無色透明な液体。廃棄方法は多量の水を加え希薄な水溶液とした後、次亜塩素酸ナトリウムなどで酸化して廃棄する酸化法。　　　問56　水酸化ナトリウムは塩基性であるので酸で中和してから希釈して廃棄する中和法。
問57～60　問57　2　　問58　4　　問59　1　　問60　3
〔解説〕
　　　解答のとおり。

〔取扱・実地〕

奈良県

(注) 特定品目はありません

(一般)

問 41　2
〔解説〕
　　a と c が正しい。次のとおり。塩素酸ナトリウム $NaClO_3$ は、白色の正方単斜状の結晶で、水に溶けやすく、空気中の水分を吸ってべとべとに潮解するもので、ふつうは溶液として使われる。製剤は除草剤として使用される。

問 42　3
〔解説〕
　　b と d が正しい。パラチオン(ジエチルパラニトロフエニルチオホスフエイト)は、特定毒物。純品は無色～淡黄色の液体。水に溶けにくく。有機溶媒に可溶。農業用は褐色の液で、特有の臭気をむ有する。アルカリで分解する。用途は遅効性殺虫剤。コリンエステラーゼ阻害作用がある。頭痛、めまい、嘔気、発熱、麻痺、痙攣等の症状を起こす。有機燐化合物。なお、このパラチオンは除外がされる濃度規定はない。

問 43 ～ 47　問 43　4　　問 44　2　　問 45　3　　問 46　1　　問 47　1
〔解説〕
　　問 43　黄リン P_4 は、毒物。無色又は白色の蝋様の固体。毒物。別名を白リン。暗所で空気に触れるとリン光を放つ。水、有機溶媒に溶けないが、二硫化炭素には易溶。湿った空気中で発火する。　　**問 44**　クレゾール $C_6H_4(CH_3)OH$(別名メチルフェノール、オキシトルエン)は劇物：オルト、メタ、パラの 3 つの異性体の混合物。無色～ピンクの液体、フェノール臭、光により暗色になる。　　**問 45**　ジメチル硫酸$(CH_3)_2SO_4$ は、劇物。常温・常圧では、無色油状の液体である。水に不溶であるが、水と接触すれば徐々に加水分解する。用途は多くの有機合成のメチル化剤として用いられる。　　**問 46**　セレント Se は、毒物。灰色の金属光沢を有するペレット又は黒色の粉末。融点 217 ℃。水に不溶。硫酸、二硫化炭素に可溶。

問 47 ～ 50　問 47　1　問 48　3　問 49　4　問 50　2
〔解説〕
　　問 47　EPN は、有機リン製剤、毒物(1.5 %以下は除外で劇物)、芳香臭のある淡黄色油状または融点 36 ℃の結晶。水に不溶、有機溶媒に可溶。遅効性殺虫剤(アカダニ、アブラムシ、ニカメイチュウ等)　有機リン製剤の中毒：コリンエステラーゼを阻害し、頭痛、めまい、嘔吐、言語障害、意識混濁、縮瞳、痙攣など。治療薬は硫酸アトロピンと PAM。　　**問 48**　キシレン $C_6H_4(CH_3)_2$：引火性無色液体。吸入すると、目、鼻、のどを刺激する。高濃度では興奮、麻酔作用がある。皮膚に触れた場合、皮膚を刺激し、皮膚から吸収される。　　**問 49**　トルイレンジアミンは、劇物。無色の結晶(パラ体)、水に可溶。著明な肝臓毒で、脂肪肝を起こす。又、皮膚に触れると皮膚炎(かぶれ)を起こす。用途は、染料の合成原料。　　**問 50**　リン化亜鉛 Zn_3P_2 は、灰褐色の結晶又は粉末。かすかにリンの臭気がある。ベンゼン、二硫化炭素に溶ける。酸と反応して有毒なホスフィン PH_3 を発生。嚥下吸入したときに、胃及び肺で胃酸や水と反応してホイフィンを生成することにより中毒症状を発現する。

問 51 ～ 55　問 51　1　問 52　6　　問 53　4　　問 54　2　　問 55　5
〔解説〕
　　問 51　アクリルアミドは無色の結晶。廃棄方法は、アフターバーナーを具備した焼却炉で焼却する。水溶液の場合は、木粉(おが屑)等に吸収させて同様に処理する焼却法。　　**問 52**　クロルピクリン CCl_3NO_2 は、無色～淡黄色液体、催涙性、粘膜刺激臭。水に不溶。少量の界面活性剤を加えた亜硫酸ナトリウムと炭酸ナトリウムの混合溶液中で、攪拌し分解させたあと、多量の水で希釈して処理する分解法。　　**問 53**　シアン化水素 HCN は、毒物。無色の気体または液体。特異臭(ア

奈良〔取扱・実地解答・解説〕・令和二年

ーモンド様の臭気）、弱酸、水、アルコールに溶ける。廃棄法は多量のナトリウム水溶液（20w/v％以上）に吹き込んだのち、多量の水で希釈して活性汚泥槽で処理する活性汚泥法。　　問54　酒石酸アンチモニルカリウムは、劇物（アンチモン化合物）。無色の結晶又は白色の結晶性粉末。水にやや溶けやすい。エタノール、ジエチルエーテルにはほとんど溶けない。主な用途は、殺虫剤、防虫剤、触媒、顔料、塗料等。廃棄法は、水に溶かし、希硫酸を加えて酸性にし、硫化ナトリウム水溶液を加えて沈殿させた後、ろ過して埋立処分する。　　　　問55　ヒ素は金属光沢のある灰色の単体である。セメントを用いて固化し、溶出試験を行い溶出量が判定基準以下であることを確認して埋立処分する固化隔離法。

問57～60　問56　2　　問57　1　　問58　5　　　問59　4　　　問60　6
〔解説〕
　　解答のとおり。

（農業用品目）
問41　4
〔解説〕
　　農業用品目販売業者の登録が受けた者が販売できる品目については、法第四条の三第一項→施行規則第四条の二→施行規則別表第一に掲げられている品目である。このことからcのニコチンとdの硫酸タリウムが該当する。
問42～44　問42　3　　問43　5　　問44　1
〔解説〕
　　問42　イソフェンホスは5％を超えて含有する製剤は毒物。ただし、5％以下は毒物から除外。イソフェンホスは5％以下は劇物。問43　ジチアノン50％以下は毒物から除外。　　問44　2－ジフエニルアセチル－1・3－インダンジオン0.005％以下は毒物から除外。
問45～47　問45　2　　　問46　3　　　問47　1
〔解説〕
　　問45　塩化亜鉛 $ZnCl_2$ は、白色の結晶で、空気に触れると水分を吸収して潮解する。水およびアルコールによく溶ける。水に溶かし、硝酸銀を加えると、白色の沈殿が生じる。　　　問46　クロルピクリン CCl_3NO_2 の確認：1）CCl_3NO_2 ＋金属 Ca ＋ベタナフチルアミン＋硫酸→赤色沈殿。2）　CCl_3NO_2 アルコール溶液＋ジメチルアニリン＋ブルシン＋ BrCN →緑ないし赤紫色。　　　　問47　AlP の確認方法：湿気により発生するホスフィン $PH3$ により硝酸銀中の銀イオンが還元され銀になる（Ag^+→ Ag）ため黒変する。
問48～51　問48　3　　問49　1　　問50　2　　　問51　4
〔解説〕
　　問48　ナラシンは毒物（1％以上～10％以下を含有する製剤は劇物。）アセトン－水から結晶化させたものは白色～淡黄色。特有な臭いがある。用途は飼料添加物。
　　　　問49　ヨウ化メチル CH_3I は、無色または淡黄色透明液体。エタノール、エーテルに任意の割合に混合する。水に不溶。用途はＩｉｙｅガス殺菌剤としてたばこの根瘤線虫、立枯病に使用する。　　　問50　エチル＝(Z)-3-〔N-ベンジル-N－〔〔メチル(1-メチルチオエチリデンアミノオキシカルボニル)アミノ〕チオ〕アミノ〕プロピオナートは、劇物。白色結晶。水には極めて溶けにくい。用途は、たばこのタバコアオムシ、ヨトウムシ等の害虫を防除する農薬。　　　問51　2-メチリデンブタン二酸(別名　メチレンコハク酸)は、劇物。白色結晶性粉末。用途は、農薬(摘花・摘果剤)、合成原料、塗料。
問52～54　問52　4　　問53　3　　　問54　1
〔解説〕
　　解答のとおり。

問 55 ～ 57　　問 55　2　　問 56　1　　問 57　4
〔解説〕
　　問 55　塩素酸カリウム KClO₃ は、無色の結晶。水に可溶、アルコールに溶けにく
い。漏えいの際の措置は、飛散したもの還元剤(例えばチオ硫酸ナトリウム等)の水
溶液に希硫酸を加えて酸性にし、この中に少量ずつ投入する。反応終了後、反応液
を中和し多量の水で希釈して処理する還元法。　　問 56　ジメチル－4－メチルメ
ルカプト－3－メチルフェニルチオホスフェイト(別名フェンチオン)は、劇物。褐
色の液体。弱いニンニク臭を有する。各種有機溶媒に溶ける。水には溶けない。廃
棄法：木粉(おが屑)等に吸収させてアフターバーナー及びスクラバーを具備した焼
却炉で焼却する焼却法。(スクラバーの洗浄液には水酸化ナトリウム水溶液を用い
る。)　　問 57　硫酸銅 CuSO₄ は、水に溶解後、消石灰などのアルカリで水に難溶
な水酸化銅 Cu(OH)₂ とし、沈殿ろ過して埋立処分する沈殿法。または、還元焙焼法
で金属銅 Cu として回収する還元焙焼法。

問 58 ～ 60　　問 58　4　　問 59　3　　問 60　2
〔解説〕
　　問 58　エチレンクロルヒドリンの毒性は、吸入した場合は吐気、嘔吐、頭痛及び
胸痛等の症状を起こすことがある。皮膚にふれた場合は、皮膚を刺激し、皮膚から
も吸収され吸入した場合と同様の中毒症状を起こすことがある。問 59　アンモニア
ガスを吸入した場合、激しく鼻やのどを刺激し、長時間吸入すると肺や気管支に炎
症を起こす。高濃度のガスを吸うと喉頭けいれんを起こすので極めて危険である。

　　問 60　ブラストサイジン S は、劇物。白色針状結晶、融点 250 ℃以上で徐々に
分解。水に可溶、有機溶媒に難溶。中毒症状は振戦、呼吸困難である。本毒は、肝
臓に核の膨大及び変性、腎臓には糸球体、細尿管のうッ血、脾臓には脾炎が認めら
れる。また、散布に際して、眼刺激性が特に強いので注意を要する。

奈良〔取扱・実地解答・解説〕・令和二年

毒物劇物取扱者試験問題集〔関西広域連合・奈良県版〕
過去問
令和3 (2021) 年度版
ISBN978-4-89647-282-0　C3043　￥900E

令和3年(2021年) 5月31日発行　　　　　　　　定価990円(税込)

編　集　毒物劇物安全性研究会

発　行　薬務公報社

〒166-0003　東京都杉並区高円寺南2-7-1　拓都ビル
電話　03(3315)3821　　　　F A X　03(5377)7275

薬務公報社の毒劇物図書

毒物及び劇物取締法令集 令和3 (2021) 年版

法律、政令、省令、告示、通知を収録、毎年度に年度版として刊行

監修 毒物劇物安全対策研究会 定価二、七五〇円（税込）

毒物及び劇物取締法解説 第四十四版

本書は、昭和五十三年に発行して令和二年で四十三年。実務書、参考書として親しまれています。

収録の内容は、1．毒物及び劇物取締法の法律解説をベースに、2．特定毒物・毒物・劇物品目解説〔主な毒物として、57品目、劇物は150品目を一品目につき一ページを使用して見やすく収録〕、3．基礎化学概説、4．例題と解説〔法律・基礎化学解説〕をわかりやすく解説して収録。

編集 毒物劇物安全性研究会 定価三、八五〇円（税込）

毒物及び劇物取締法試験問題集 全国版

本書は、昭和三十九年六月に発行して以来、毎年年度版で全国で行われた道府県別に毒物劇物取扱者試験問題、解答・解説を収録して発行。

編集 毒物劇物安全性研究会 定価三、五二〇円（税込）

毒物及び劇物取締法試験問題集【九州・沖縄県統一版】令和3 (2021) 年度版

本書は、九州全県・沖縄県で行われた毒物劇物取扱者試験過去問〔五年分〕を法規・基礎化学・取扱・実地に区分して問題編と解答・解説編を収録。直前試験には必携の書。

編集 毒物劇物安全性研究会 定価一、九八〇円（税込）

〔実地編〕

(一般)

問61	2	問62	3	
問63	1	問64	3	問65　2

〔解説〕

　　塩素酸ナトリウム $NaClO_3$ は、劇物。潮解性があり、空気中の水分を吸収する。また強い酸化剤である。炭の中にいれ熱灼すると音をたてて分解する。

　　ニコチンは、毒物。アルカロイドであり、純品は無色、無臭の油状液体であるが、空気中では速やかに褐変する。水、アルコール、エーテル等に容易に溶ける。ニコチンの確認：1)ニコチン＋ヨウ素エーテル溶液→褐色液状→赤色針状結晶 2)ニコチン＋ホルマリン＋濃硝酸→バラ色。

　　酸化カドミウム CdO は、劇物。赤褐色の粉末。水に溶けない。酸に易溶。アンモニア水、アンモニア塩類水溶液に可溶。アルコール溶液に、水酸化カリウム溶液と少量のアニリンを加えて熱すると、不快な刺激性の臭気を放つ。

問66	4	問67	3	
問68	3	問69	2	問70　1

〔解説〕

　　クロム酸ナトリウム($Na_2CrO_4・10H_2O$)(別名クロム酸ソーダ)は劇物。水溶液は硝酸バリウムまたは塩化バリウムで、黄色のクロム酸のバリウム化合物を沈殿する。用途は試薬等。

　　ブロム水素酸(別名臭化水素酸)は劇物。無色透明あるいは淡黄色の刺激性の臭気がある液体。確認法は硝酸銀溶液を加えると、淡黄色のブロム銀を沈殿を生ずる。

　　ピクリン酸($C_6H_2(NO_2)_3OH$)は、淡黄色の針状結晶で、温飽和水溶液にシアン化カリウム水溶液を加えると、暗赤色を呈する。

(農業用品目)

問61	4	問62	1	
問63	2	問64	3	問65　1

〔解説〕

　　硫酸第二銅の水溶液に、過剰のアンモニア水を加えると濃青色となる。また、①硝酸バリウム水溶液を加えると白色の硫酸バリウムを生じる。$CuSO_4$ ＋ $Ba(NO_3)_2 → Cu(NO_3)_2$ ＋ $BaSO_4$(硫酸バリウム、白色沈殿)、②水に溶かして硫化水素を加えると、黒色の沈殿を生ずる。$CuSO_4$ ＋ $H_2S → H_2SO_4$ ＋ CuS(硫化銅、黒色沈殿)

　　塩化亜鉛 $ZnCl_2$ は、白色の結晶で、空気に触れると水分を吸収して潮解する。水およびアルコールによく溶ける。水に溶かし、硝酸銀を加えると、白色の沈殿が生じる。

　　塩素酸カリウム $KClO_3$ は白色固体。加熱により分解し酸素発生 $2KClO_3 → 2KCl$ ＋ $3O_2$　マッチの製造、酸化剤。熱すると酸素を発生して、塩化カリとなり、これに塩酸を加えて熱すると、塩素を発生する。水溶液に酒石酸を多量に加えると、白色の結晶性の物質を生ずる。

問66　3

〔解説〕

　　AlP の確認方法：湿気により発生するホスフィン PH_3 により硝酸銀中の銀イオンが還元され銀になる($Ag ＋→ Ag$)ため黒変する。

問67　4

〔解説〕

　　モノフルオール酢酸ナトリウム FCH_2COONa は、特毒。重い白色粉末。からい味と酢酸の臭いとを有する。吸湿性、冷水に易溶、メタノールやエタノールに可溶。野ネズミの駆除に使用。

問68　2
〔解説〕
　ジクワットは、劇物で、ジピリジル誘導体で淡黄色結晶、水に溶ける。中性又は酸性で安定、アルカリ溶液でうすめる場合には、2〜3時間以上貯蔵できない。腐食性を有する。土壌等に強く吸着されて不活性化する性質がある。用途は、除草剤。
問69　1
〔解説〕
　硫酸タリウムについては、法第13条→施行令第39条→施行規則第12条において、着色すべき農業用劇物としてあせにくい黒色と規定されている。
問70　1
〔解説〕
　ダイアジノンは、劇物で純品は無色の液体。有機燐系。水に溶けにくい。有機溶媒に可溶。廃棄方法：燃焼法　廃棄方法はおが屑等に吸収させてアフターバーナー及びスクラバーを具備した焼却炉で焼却する。(燃焼法)

（特定品目）

問61　4　　問62　2　　問63　3
問64　1　　問65　2
〔解説〕
　シュウ酸は無色の結晶で、水溶液を酢酸で弱酸性にして酢酸カルシウムを加えると、結晶性の沈殿を生ずる。水溶液は過マンガン酸カリウム溶液を退色する。水溶液をアンモニア水で弱アルカリ性にして塩化カルシウムを加えると、蓚酸カルシウムの白色の沈殿を生ずる。
　ホルマリンはホルムアルデヒド HCHO の水溶液。フクシン亜硫酸はアルデヒドと反応して赤紫色になる。アンモニア水を加えて、硝酸銀溶液を加えると、徐々に金属銀を析出する。またフェーリング溶液とともに熱すると、赤色の沈殿を生ずる。
　重クロム酸ナトリウム $Na_2Cr_2O_7$ は、やや潮解性の赤橙色結晶、酸化剤。水に易溶。有機溶媒には不溶。潮解性があるので、密封して乾燥した場所に貯蔵する。また、可燃物と混合しないように注意する。
問66　3　　問67　1　　問68　2
問69　4　　問70　2
〔解説〕
　塩酸は塩化水素 HCl の水溶液。無色透明の液体 25 ％以上のものは、湿った空気中で著しく発煙し、刺激臭がある。塩酸は種々の金属を溶解し、水素を発生する。硝酸銀溶液を加えると、塩化銀の白い沈殿を生じる。
　酸化水銀（Ⅱ）HgO は、別名酸化第二水銀、鮮赤色ないし橙赤色の無臭の結晶性粉末のものと橙黄色ないし黄色の無臭の粉末とがある。水にほとんど溶けず、希塩酸、硝酸、シアン化アルカリ溶液に溶ける。毒物（5 ％以下は劇物）。遮光保存。強熱すると有害な煙霧及びガスを発生。
　メタノール CH_3OH は特有な臭いの無色透明な揮発性の液体。水に可溶。可燃性。あらかじめ熱灼した酸化銅を加えると、ホルムアルデヒドができ、酸化銅は還元されて金属銅色を呈する。

※九州全県・沖縄県統一共通においては、毎年8月に行われている試験が台風の影響により、2通りに分かれて試験が実施されました。これに伴い令和元年度は、2つの試験問題作成がされたことで、2つの試験問題を収録いたしました。

九州全県・沖縄県統一共通①
〔福岡県・沖縄県〕

（一般）

問61 2 　　問62 3
問63 1 　　問64 4 　　　問65 3
〔解説〕
　　問61、問63 　アニリン $C_6H_5NH_2$ は、新たに蒸留したものは無色透明油状液体、光、空気に触れて赤褐色を呈する。特有な臭気。水には難溶、有機溶媒には可溶。水溶液にさらし粉を加えると紫色を呈する。劇物。　　問62、問64 　塩素酸カリウム $KClO_3$ は白色固体。加熱により分解し酸素発生 $2KClO_3 \rightarrow 2KCl + 3O_2$ 　マッチの製造、酸化剤。熱すると酸素を発生して、塩化カリとなり、これに塩酸を加えて熱すると、塩素を発生する。水溶液に酒石酸を多量に加えると、白色の結晶性の物質を生ずる。　　問65 　沃化水素酸は、劇物。無色の液体。ヨード水素の水溶液に硝酸銀溶液を加えると、淡黄色の沃化銀の沈殿を生じる。この沈殿はアンモニア水にはわずかに溶け、硝酸には溶けない。用途は工業用の還元剤。

問66 4 　　問67 1
問68 3 　　問69 2 　　　問70 1
〔解説〕
　　問66、問68 　メチルスルホナールは、劇物。無色の葉状結晶。臭気がない。水に可溶。木炭とともに熱すると、メルカプタンの臭気をはなつ。　　問67、問69 　ホルムアルデヒド HCHO は、無色刺激臭の気体で水に良く溶け、これをホルマリンという。ホルマリンは無色透明な刺激臭の液体、低温ではパラホルムアルデヒドの生成により白濁または沈澱が生成することがある。水、アルコール、エーテルと混和する。アンモニ水を加えて強アルカリ性とし、水浴上で蒸発すると、水に溶解しにくい白色、無晶形の物質を残す。フェーリング溶液とともに熱すると、赤色の沈殿を生ずる。　問70 　　硫酸第二銅、五水和物白色濃い藍色の結晶で、水に溶けやすく、水溶液は青色リトマス紙を赤変させる。水に溶かし硝酸バリウムを加えると、白色の沈殿を生じる。

（農業用品目）

問61 3 　　問62 4 　　問63 1 　　問64 2
〔解説〕
　　問61 　アンモニア水は無色透明、刺激臭がある液体。アルカリ性を呈する。アンモニア NH_3 は空気より軽い気体。濃塩酸を近づけると塩化アンモニウムの白い煙を生じる。$NH_3 + HCl \rightarrow NH_4Cl$ 　　問62 　塩素酸ナトリウム $NaClO_3$ は、劇物。潮解性があり、空気中の水分を吸収する。また強い酸化剤である。炭の中にいれ熱灼すると音をたてて分解する。　　　問63 　クロルピクリン CCl_3NO_2 の確認：1) CCl_3NO_2 ＋金属 Ca ＋ベタナフチルアミン＋硫酸→赤色沈殿。2) 　CCl_3NO_2 アルコール溶液＋ジメチルアニリン＋ブルシン＋ BrCN →緑ないし赤紫色。　　　問64 　硫酸亜鉛 $ZnSO_4 \cdot 7H_2O$ は、硫酸亜鉛の水溶液に塩化バリウムを加えると硫酸バリウムの白色沈殿を生じる。

問 65　3　　問 66　2　　問 67　4
問 68　3　　問 69　2　　問 70　4
〔解説〕
　　問 65　フェントエートは、劇物。赤褐色、油状の液体で、芳香性刺激臭を有し、水、プロピレングリコールに溶けない。リグロインにやや溶け、アルコール、エーテル、ベンゼンに溶ける。有機燐系の殺虫剤。**問 66、問 68**　ジメトエートは、劇物。有機リン製剤であり、白色の固体で、融点は 51 ～ 52 度。キシレン、ベンゼン、メタノール、アセトン、エーテル、クロロホルムに可溶。水溶液は室温で徐々に加水分解し、アルカリ溶液中ではすみやかに加水分解する。太陽光線には安定で熱に対する安定性は低い。用途は殺虫剤。**問 67、問 69**　ダイファシノンは、黄色の結晶性粉末である。アセトン、酢酸に溶け、ベンゼンにわずかに溶ける。水にはほとんど溶けない。殺鼠剤として用いられる。**問 70**　パラコートは、毒物で、ジピリジル誘導体で無色結晶、水によく溶け低級アルコールに僅かに溶ける。融点 300 度。金属を腐食する。不揮発性である。除草剤。

（特定品目）
問 61　4　　問 62　2　　問 63　1
問 64　1　　問 65　4
〔解説〕
　　解答のとおり。
問 66　3　　問 67　1　　問 68　2
問 69　4　　問 70　2
〔解説〕
　　問 66、問 69　四塩化炭素(テトラクロロメタン)CCl_4 は、特有な臭気をもつ不燃性、揮発性無色液体、水に溶けにくく有機溶媒には溶けやすい。洗濯剤、清浄剤の製造などに用いられる。確認方法はアルコール性 KOH と銅粉末とともに煮沸により黄赤色沈殿を生成する。**問 67、問 70**　ホルマリンはホルムアルデヒド HCHO の水溶液。フクシン亜硫酸はアルデヒドと反応して赤紫色になる。アンモニア水を加えて、硝酸銀溶液を加えると、徐々に金属銀を析出する。またフェーリング溶液とともに熱すると、赤色の沈殿を生ずる。**問 68**　一酸化鉛 PbO(別名リサージ)は劇物。赤色～赤黄色結晶。重い粉末で、黄色から赤色の間の様々なものがある。水にはほとんど溶けないが、酸、アルカリにはよく溶ける。

※九州全県・沖縄県統一共通においては、毎年8月に行われている試験が台風の影響により、2通りに分かれて試験が実施されました。これに伴い令和元年度は、2つの試験問題作成がされたことで、2つの試験問題を収録いたしました。

九州全県・沖縄県統一共通②
〔佐賀県・長崎県・熊本県・大分県・宮崎県・鹿児島県〕

(一般)

問61　3　　問62　1
問63　2　　問64　3　　問65　1
〔解説〕
　　問61、問63　四塩化炭素(テトラクロロメタン)CCl_4 は、特有な臭気をもつ不燃性、揮発性無色液体、水に溶けにくく有機溶媒には溶けやすい。洗濯剤、清浄剤の製造などに用いられる。確認方法はアルコール性 KOH と銅粉末とともに煮沸により黄赤色沈殿を生成する。問62、問64　メタノール CH_3OH は特有な臭いの無色透明な揮発性の液体。水に可溶。可燃性。あらかじめ熱灼した酸化銅を加えると、ホルムアルデヒドができ、酸化銅は還元されて金属銅色を呈する。問65　過酸化水素 H_2O_2 は、無色無臭で粘性の少し高い液体。徐々に水と酸素に分解(光、金属により加速)する。安定剤として酸を加える。　ヨード亜鉛からヨウ素を析出する。

問66　1　　問67　4
問68　4　　問69　3　　問70　1
〔解説〕
　　問66、問68　フェノール C_6H_5OH は、無色の針状晶あるいは結晶性の塊りで特異な臭気があり、空気中で酸化され赤色になる。確認反応は $FeCl_3$ 水溶液により紫色になる(フェノール性水酸基の確認)。問67、問69　三硫化燐(P_4S_3)は毒物。斜方晶系針状結晶の黄色又は淡黄色または結晶性の粉末。火炎に接すると容易に引火し、沸騰水により徐々に分解して、硫化水素を発生し、燐酸を生ずる。マッチの製造に用いられる。問70　硝酸銀 $AgNO_3$ は、劇物。無色結晶。水に溶して塩酸を加えると、白色の塩化銀を沈殿する。その硫酸と銅屑を加えて熱すると、赤褐色の蒸気を発生する。

(農業用品目)

問61　4　　問62　1　　問63　2
〔解説〕
　　問61　チアクロプリドは、劇物。無臭の黄色粉末結晶。用途は、シンクイムシ類等に対する農薬。　　問62　ベンダイオカルは毒物。カルバメート剤。白色結晶状粉末。水には40ppm 溶ける。用途は、農薬殺虫剤。　　問63　アンモニア NH_3 は、常温では無色刺激臭の気体、冷却圧縮すると容易に液化する。水、エタノール、エーテルに可溶。強いアルカリ性を示し、腐食性は大。水溶液は弱アルカリ性を呈する。化学工業原料(硝酸、窒素肥料の原料)、冷媒。

問64　1　　問65　2　　問66　3
〔解説〕
　　問64　メタアルデヒドは、劇物。白色粉末結晶。アルデヒド臭。強酸化剤と接触又は混合すると激しい反応が起こる。用途は、殺虫剤。　　問65　エチルチオメトンは、毒物。無色〜淡黄色の特異臭(硫黄化合物特有)のある液体。水にほとんど溶けない。有機溶媒に溶けやすい。アルカリ性で加水分解する。　　問66　カルボスルファンは、劇物。有機燐製剤の一種。褐色粘稠液体。用途はカーバメイト系殺虫剤。

問67　4　　問68　3　　問69　1　　　問70　2
〔解説〕
　　問 67　酢酸第二銅は、劇物。一般には一水和物が流通。暗緑色結晶。240 ℃で分解して酸化銅（Ⅱ）になる。水にやや溶けやすい。エタノールに可溶。用途は、触媒、染料、試薬。　　問 68　塩素酸コバルトは、劇物。暗赤色結晶。用途は、焙染剤、試薬等に用いられる。　　問 69　ニコチンは、毒物、無色無臭の油状液体だが空気中で褐色になる。殺虫剤。ニコチンの確認：1)ニコチン＋ヨウ素エーテル溶液→褐色液状→赤色針状結晶　2)ニコチン＋ホルマリン＋濃硝酸→バラ色。
　　問 70　硝酸亜鉛 Zn(NO₃)₂：白色固体、潮解性。水にきわめて溶けやすい。水に溶かした水酸化ナトリウム水溶液を加えると、白色のゲル状の沈殿を生ずる。

（特定品目）

問61　4　　　問62　1　　　問63　2
問64　1　　　問65　4
〔解説〕
　　問61、問64　酸化第二水銀(HgO₂)は毒物。赤色又は黄色の粉末。製法によって色が異なる。小さな試験管に入れ熱すると、黒色にかわり、その後分解し水銀を残す。更に熱すると揮散する。用途は塗料、試薬。問62、問65　アンモニア水は無色透明、刺激臭がある液体。アルカリ性を呈する。アンモニア NH₃ は空気より軽い気体。濃塩酸を近づけると塩化アンモニウムの白い煙を生じる。NH₃ ＋ HCl → NH₄Cl　問63　酢酸エチル CH₃COOC₂H₅ は、無色果実臭の可燃性液体で、溶剤として用いられる。

問66　2　　　問67　1　　　問68　3
問69　4　　　問70　2
〔解説〕
　　問66、問69　ホルムアルデヒド HCHO は、無色刺激臭の気体で水に良く溶け、これをホルマリンという。ホルマリンは無色透明な刺激臭の液体、低温ではパラホルムアルデヒドの生成により白濁または沈澱が生成することがある。水、アルコール、エーテルと混和する。アンモニ水を加えて強アルカリ性とし、水浴上で蒸発すると、水に溶解しにくい白色、無晶形の物質を残す。フェーリング溶液とともに熱すると、赤色の沈殿を生ずる。問67、問70　塩酸は塩化水素 HCl の水溶液。無色透明の液体 25 ％以上のものは、湿った空気中で著しく発煙し、刺激臭がある。塩酸は種々の金属を溶解し、水素を発生する。硝酸銀溶液を加えると、塩化銀の白い沈殿を生じる。　　問68　　水酸化ナトリウム(別名：苛性ソーダ)NaOHは、白色結晶性の固体。水と炭酸を吸収する性質が強い。空気中に放置すると、潮解して徐々に炭酸ソーダの皮層を生ずる。動植物に対して強い腐食性を示す。

（一般）

問61　1　　問62　2
問63　1　　問64　2　　問65　3
〔解説〕
　　弗化水素酸(HF・aq)は毒物。弗化水素の水溶液で無色またはわずかに着色した透明の液体。特有の刺激臭がある。不燃性。濃厚なものは空気中で白煙を生ずる。ガラスを腐食する作用がある。用途はフロンガスの原料。半導体のエッチング剤等。ろうを塗ったガラス板に針で任意の模様を描いたものに、この薬物を塗るとろうをかぶらない模様の部分は腐食される。
　　黄リン P4 は、白色又は淡黄色の固体で、ニンニク臭がある。水酸化ナトリウムと熱すればホスフィンを発生する。酸素の吸収剤として、ガス分析に使用され、殺鼠剤の原料、または発煙剤の原料として用いられる。暗室内で酒石酸又は硫酸酸性で水蒸気蒸留を行い、その際冷却器あるいは流水管の内部に美しい青白色の光がみられる。
　　四塩化炭素(テトラクロロメタン)CCl4 は、特有な臭気をもつ不燃性、揮発性無色液体、水に溶けにくく有機溶媒には溶けやすい。洗濯剤、清浄剤の製造などに用いられる。確認方法はアルコール性 KOH と銅粉末とともに煮沸により黄赤色沈殿を生成する。

問66　1　　問67　2
問68　1　　問69　2　　問70　3
〔解説〕
　　スルホナールは劇物。無色、稜柱状の結晶性粉末。無色の斜方六面形結晶で、潮解性をもち、微弱の刺激性臭気を有する。水、アルコール、エーテルには溶けやすく、水溶液は強酸性を呈する。木炭とともに加熱すると、メルカプタンの臭気を放つ。
　　ピクリン酸(C6H2(NO2)3OH)は、淡黄色の針状結晶で、急熱や衝撃で爆発。ピクリン酸による羊毛の染色(白色→黄色)。
　　塩素酸ナトリウム NaClO3 は、劇物。潮解性があり、空気中の水分を吸収する。また強い酸化剤である。炭の中にいれ熱灼すると音をたてて分解する。

（農業用品目）

問61　4　　問62　1　　問63　3　　問64　2
〔解説〕
　　問61　燐化アルミニウムの確認方法：湿気により発生するホスフィン PH3 により硝酸銀中の銀イオンが還元され銀になる(Ag +→ Ag)ため黒変する。　　問62　無水硫酸銅 CuSO4　無水硫酸銅は灰白色粉末、これに水を加えると五水和物 CuSO4・5H2O になる。これは青色ないし群青色の結晶、または顆粒や粉末。水に溶かして硝酸バリウムを加えると、白色の沈殿を生ずる。　　問63　ニコチンは、毒物、無色無臭の油状液体だが空気中で褐色になる。殺虫剤。ニコチンの確認：1)ニコチン＋ヨウ素エーテル溶液→褐色液状→赤色針状結晶　2)ニコチン＋ホルマリン＋濃硝酸→バラ色。　　問64　硫酸 H2SO4 は無色の粘張性のある液体。強力な酸化力をもち、また水を吸収しやすい。水を吸収するとき発熱する。木片に触れるとそれを炭化して黒変させる。また、銅片を加えて熱すると、無水亜硫酸を発生する。硫酸の希釈液に塩化バリウムを加えると白色の硫酸バリウムが生じるが、これは塩酸や硝酸に溶解しない。

問 65　4　　問 66　1　　問 67　3
　　　　　　問 68　3　　問 69　2　　　　問 70　1
〔解説〕
　カズサホスは、10 ％を超えて含有する製剤は毒物、10 ％以下を含有する製剤は
劇物。有機リン製剤、硫黄臭のある淡黄色の液体。水に溶けにくい。有機溶媒に
溶けやすい。比重 1. 05(20 ℃)、沸点 149 ℃。
　弗化スルフリル(SO₂F₂)は毒物。無色無臭の気体。水に溶ける。クロロホルム、
四塩化炭素に溶けやすい。アルコール、アセトンにも溶ける。水では分解しない
が、水酸化ナトリウム溶液で分解される。用途は殺虫剤、燻蒸剤。
　ナラシンは毒物（1 ％以上〜 10％以下を含有する製剤は劇物。）アセトン−水か
ら結晶化させたものは白色〜淡黄色。特有な臭いがある。用途は飼料添加物。
　塩素酸ナトリウム NaClO₃ は、無色無臭結晶、酸化剤、水に易溶。有機物や還
元剤との混合物は加熱、摩擦、衝撃などにより爆発することがある。用途は除草
剤、酸化剤、抜染剤。

（特定品目）
問 61　2　　　問 62　3
問 63　4　　　問 64　2　　　問 65　1
〔解説〕
　塩酸は塩化水素 HCl の水溶液。無色透明の液体 25 ％以上のものは、湿った空
気中で著しく発煙し、刺激臭がある。塩酸は種々の金属を溶解し、水素を発生す
る。硝酸銀溶液を加えると、塩化銀の白い沈殿を生じる。
　過酸化水素 H₂O₂ は、無色無臭で粘性の少し高い液体。徐々に水と酸素に分解
(光、金属により加速)する。安定剤として酸を加える。ヨード亜鉛からヨウ素を
析出する。
　一酸化鉛 PbO は、重い粉末で、黄色から赤色までの間の種々のものがある。希
硝酸に溶かすと、無色の液となり、これに硫化水素を通じると、黒色の沈殿を生
じる。
問 66　4　　　問 67　1　　　問 68　3
問 69　2　　　　　　問 70　1
〔解説〕
　シュウ酸(COOH)₂・2H₂O は無色の柱状結晶、風解性、還元性、漂白剤、鉄さび
落とし。無水物は白色粉末。水、アルコールに可溶。エーテルには溶けにくい。
また、ベンゼン、クロロホルムにはほとんど溶けない。水溶液を酢酸で弱酸性に
して酢酸カルシウムを加えると、結晶性の沈殿を生じる。
　キシレン C₆H₄(CH₃)₂(別名キシロール、ジメチルベンゼン、メチルトルエン)は、
無色透明な液体で o-、m-、p-の 3 種の異性体がある。水にはほとんど溶けず、有
機溶媒に溶ける。蒸気は空気より重い。溶剤。揮発性、引火性。
　アンモニア水は無色透明、刺激臭がある液体。アルカリ性を呈する。アンモニ
ア NH₃ は空気より軽い気体。濃塩酸を近づけると塩化アンモニウムの白い煙を生
じる。NH₃ + HCl → NH₄Cl

【令和３年度実施】

（一般）

問61　3　　問63　1
問62　1　　問64　4
問65　2

〔解説〕
　　問61、問62　亜硝酸ナトリウム NaNO₂ は、劇物。白色または微黄色の結晶性粉末。水に溶けやすい。アルコールにはわずかに溶ける。潮解性がある。空気中では徐々に酸化する。硝酸銀の中性溶液で白色の沈殿を生ずる。　問63、問64　ニコチンは、毒物、無色無臭の油状液体だが空気中で褐色になる。殺虫剤。ニコチンの確認：1)ニコチン＋ヨウ素エーテル溶液→褐色液状→赤色針状結晶　2)ニコチン＋ホルマリン＋濃硝酸→バラ色。　問65　硫酸亜鉛 ZnSO₄・7H₂O は、硫酸亜鉛の水溶液に塩化バリウムを加えると硫酸バリウムの白色沈殿を生じる。

問66　4　　問68　3
問67　2　　問69　1
問70　4

〔解説〕
　　問66、問68　ベタナフトール C₁₀H₇OH は、無色〜白色の結晶、石炭酸臭、水に溶けにくく、熱湯に可溶。識別は、1)水溶液にアンモニア水を加えると、紫色の蛍石彩をはなつ。　2)水溶液に塩素水を加えると白濁し、これに過剰のアンモニア水を加えると、液は最初緑色を呈し、のち褐色に変化する。
　　問67、問69　トリクロル酢酸 CCl₃CO₂H は、劇物。無色の斜方六面体の結晶。わずかな刺激臭がある。潮解性あり。水、アルコール、エーテルに溶ける。水溶液は強酸性、皮膚、粘膜に腐食性が強い。水酸化ナトリウム溶液を加えて熱するとクロロホルム臭を放つ。　問70　硝酸ウラニルは劇物。淡黄色の柱状の結晶。緑色の光沢を有する。水に溶けやすい。水溶液に硫化アンモニウムを加えると、黒色の沈殿を生成する。用途は試薬、工業にガラス、写真として使用される。

（農業用品目）

問61　4

〔解説〕
　モノフルオール酢酸ナトリウム FCH₂COONa は特定毒物。有機弗素系化合物。重い白色粉末、吸湿性、冷水に易溶、有機溶媒には溶けない。水、メタノールやエタノールに可溶。野ネズミの駆除に使用。施行令第12条により、深紅色に着色されていること。また、トウガラシ末またはトウガラシチンキの購入が義務づけられている。

問62　3　　問63　4　　問64　1

〔解説〕
　　問62　大気中の湿気にふれると、徐々に分解して有毒なガスを発生し、共存する分解促進剤からは炭酸ガスとアンモニアガスが生ずるとともに、カーバイト様の臭気にかわる。〔本品から発生したガスに、5〜10％硝酸銀溶液を浸した濾紙を近づけると黒変する。〕　問63　硫酸第二銅、五水和物白色濃い藍色の結晶で、水に溶けやすく、水溶液は青色リトマス紙を赤変させる。水に溶かし硝酸バリウムを加えると、白色の沈殿を生じる。　問64　塩素酸ナトリウム NaClO₃ は、劇物。潮解性があり、空気中の水分を吸収する。また強い酸化剤である。炭の中にいれ熱灼すると音をたてて分解する。

問 65　3　　問 66　4
問 69　3　　問 70　4
問 67　1
問 68　2
〔解説〕
　　問 65、問 66　硫酸亜鉛 $ZnSO_4・7H_2O$ は、硫酸亜鉛の水溶液に塩化バリウムを加えると硫酸バリウムの白色沈殿を生じる。**問 66、問 70**　クロルピクリン CCl_3NO_2 の確認方法：CCl_3NO_2 ＋金属 Ca ＋ベタナフチルアミン＋硫酸→赤色。
　　問 67　ニコチンは、毒物、無色無臭の油状液体だが空気中で褐色になる。殺虫剤。ニコチンの確認：1）ニコチン＋ヨウ素エーテル溶液→褐色液状→赤色針状結晶　2）ニコチン＋ホルマリン＋濃硝酸→バラ色。　　**問 68**　塩素酸カリウム $KClO_3$ は劇物。白色固体。加熱により分解し酸素発生 $2KClO_3 \rightarrow 2KCl + 3O_2$　熱すると酸素を発生して、塩化カリとなり、これに塩酸を加えて熱すると、塩素を発生する。水溶液に酒石酸を多量に加えると、白色の結晶性の物質を生ずる。

（特定品目）

問 61　3　　問 62　4
問 64　2　　問 65　3
問 63　1
〔解説〕
　　問 61、問 64　メタノール CH_3OH は特有な臭いの無色透明な揮発性の液体。水に可溶。可燃性。あらかじめ熱灼した酸化銅を加えると、ホルムアルデヒドができ、酸化銅は還元されて金属銅色を呈する。**問 62、問 65**　硫酸 H_2SO_4 は無色の粘張性のある液体。強力な酸化力をもち、また水を吸収しやすい。水を吸収するとき発熱する。木片に触れるとそれを炭化して黒変させる。硫酸の希釈液に塩化バリウムを加えると白色の硫酸バリウムが生じるが、これは塩酸や硝酸に溶解しない。　　**問 63**　蓚酸 $(COOH)_2・2H_2O$ は無色の柱状結晶、風解性、還元性、漂白剤、鉄さび落とし。無水物は白色粉末。水、アルコールに可溶。エーテルには溶けにくい。また、ベンゼン、クロロホルムにはほとんど溶けない。
問 66　1　　問 67　4
問 69　2　　問 70　3
問 68　3
〔解説〕
　　問 66、問 69　アンモニア水は無色透明、刺激臭がある液体。アルカリ性を呈する。アンモニア NH_3 は空気より軽い気体。濃塩酸をうるおしたガラス棒を近づけると、白煙を生ずる。**問 67、問 70**　クロロホルム $CHCl_3$（別名トリクロロメタン）は、無色、揮発性の液体で特有の香気とわずかな甘みをもち、麻酔性がある。アルコール溶液に、水酸化カリウム溶液と少量のアニリンを加えて　熱すると、不快な刺激性の臭気を放つ。重クロム酸カリウム $K_2Cr_2O_7$ は、橙赤色結晶、酸化剤。水に溶けやすく、有機溶媒には溶けにくい。

（一般）

問61　4　　　問62　3　　　問65　2
問63　1　　　問64　3

〔解説〕
　　　問61、問63　硝酸銀 $AgNO_3$ は、劇物。無色結晶。水に溶して塩酸を加えると、白色の塩化銀を沈殿する。その硫酸と銅屑を加えて熱すると、赤褐色の蒸気を発生する。　　　問62、問64　アニリン $C_6H_5NH_2$ は、劇物。新たに蒸留したものは無色透明油状液体、光、空気に触れて赤褐色を呈する。特有な臭気。水には難溶、有機溶媒には可溶。水溶液にさらし粉を加えると紫色を呈する。
　　　問65　メチルスルホナールは、劇物。無色の針状結晶。臭気がない。水に可溶。

問66　1　　　問67　3
問68　3　　　問69　2　　　問70　1

〔解説〕
　　　問66、問68　硝酸 HNO_3 は、劇物。無色の液体。特有な臭気がある。腐食性が激しい。銅屑を加えて熱すると、藍色を呈して溶け、その際赤褐色の蒸気を発生する。　　　問67、問69　三硫化燐（P_4S_3）は毒物。斜方晶系針状結晶の黄色又は淡黄色または結晶性の粉末。火炎に接すると容易に引火し、沸騰水により徐々に分解して、硫化水素を発生し、燐酸を生ずる。　　　問70　カリウム K は、炎色反応が紫色。

（農業用品目）

問61　1

〔解説〕
　　　問61　ジメトエートは、白色の固体。水溶液は室温で徐々に加水分解し、アルカリ溶液中ではすみやかに加水分解する。太陽光線に安定で、熱に対する安定性は低い。用途は、稲のツマグロヨコバイ、ウンカ類、果樹のヤノネカ゛ラムシ、ミカンハモグリガ、ハダニ類、アブラムシ類、ハダニ類の駆除。有機燐製剤の一種である。

問62　4　　　問63　3　　　問64　2　　　問65　1

〔解説〕
　　　問62　2・3-ジシアノー1・4－ジチアアントラキノン（別名ジチアノン）は劇物。褐色の粉末。水にほとんど溶けない。　　　問63　ダイファシノンは毒物。黄色結晶性粉末。アセトン酢酸に溶ける。水にはほとんど溶けない。　　　問64　2,4,6,8-テトラメチル-1,3,5,7-テトラオキソカン（別名メタアルデヒド）は、劇物。白色粉末（結晶）。アルデヒド臭がある。酸性で不安定、アルカリに安定。
　　　問65　エチレンクロルヒドリン CH_2ClCH_2OH（別名グリコールクロルヒドリン）は劇物。無色液体で芳香がある。水、アルコールに溶ける。蒸気は空気より重い。

問66　3　　　問67　2　　　問68　4
問69　4　　　問70　3

〔解説〕
　　　問66、問67　無機銅塩類水溶液に水酸化ナトリウム溶液で冷時青色の水酸化第二銅を沈殿する。　　　問67、問70　アンモニア水は無色透明、刺激臭がある液体。濃塩酸をうるおしたガラス棒を近づけると、白い霧を生ずる。また、塩酸を加えて中和したのち、塩化白金溶液を加えると、黄色、結晶性の沈殿を生ずる。
　　　問68　硫酸 H_2SO_4 は無色の粘張性のある液体。強力な酸化力をもち、また水を吸収しやすい。水を吸収するとき発熱する。木片に触れるとそれを炭化して黒変させる。また、銅片を加えて熱すると、無水亜硫酸を発生する。硫酸の希釈液に塩化バリウムを加えると白色の硫酸バリウムが生じるが、これは塩酸や硝酸に溶解しない。

（特定品目）

問 61　2　　　問 62　1　　　　問 63　　4
問 64　1　　　問 65　3

〔解説〕
　　問 61、問 64　アンモニア水はアンモニア NH₃ を水に溶かした水溶液、無色透明、刺激臭がある液体。濃塩酸をうるおしたガラス棒を近づけると、白い霧を生ずる。また、塩酸を加えて中和したのち、塩化白金溶液を加えると、黄色、結晶性の沈殿を生ずる。　　　　　問 62、問 65　ホルマリンは、ホルムアルデヒド HCHO を水に溶かしたもの。無色透明な液体で刺激臭を有し、寒冷地では白濁する場合がある。水、アルコールに混和するが、エーテルには混和しない。硝酸を加え、さらにフクシン亜硫酸液を加えると、藍紫色を呈した。　　　　　問 63　トルエン C₆H₅CH₃(別名トルオール、メチルベンゼン)は劇物。無色透明な液体で、ベンゼン臭がある。蒸気は空気より重く、可燃性である。沸点は水より低い。水には不溶、エタノール、ベンゼン、エーテルに可溶である。

問 66　2　　　問 67　1　　　問 68　3
問 69　2　　　　　　　問 70　1

〔解説〕
　　問 66、問 69　酸化第二水銀 HgO は毒物。赤色または黄色の粉末。水にはほとんど溶けない。小さな試験管に入れる熱すると、ばしめに黒色にかわり、後に分解して水銀を残し、なお熱すると、まったく揮散してしまう。　　　　　問 67　メタノール(メチルアルコール)CH₃OH は、劇物。(別名：木精)無色透明。揮発性の可燃性液体である。沸点 64.7 ℃。蒸気は空気より重く引火しやすい。水とよく混和する。　　　　　問 68、問 70　塩酸は塩化水素 HCl の水溶液。無色透明の液体 25 ％以上のものは、湿った空気中で著しく発煙し、刺激臭がある。塩酸は種々の金属を溶解し、水素を発生する。硝酸銀溶液を加えると、塩化銀の白い沈殿を生じる。

毒物劇物試験問題集〔九州・沖縄統一版〕過去問
令和5 (2023)年度版
ISBN978-4-89647-299-8　C3043　￥1500E

令和5年(2023年) 3月31日発行　　　　　　　　　　　定価 1,650円(税込)

編　集　　毒物劇物安全性研究会

発　行　　薬務公報社

〒166-0003　東京都杉並区高円寺南2-7-1拓都ビル
電話　03(3315)3821
ＦＡＸ　03(5377)7275

薬務公報社の毒劇物図書

毒物及び劇物取締法令集

監修 毒物劇物安全対策研究会 定価二、九七〇円（税込）

法律、政令、省令、告示、通知を収録。毎年度に年度版として刊行

毒物及び劇物取締法解説 第四十六版

編集 毒物劇物安全性研究会 定価四、一八〇円（税込）

本書は、昭和53年に発行して令和4年で46年。実務書、参考書として親しまれています。

収録の内容は、1．毒物及び劇物取締法の法律解説をベースに、2．特定毒物・毒物・劇物品目解説〔主な毒物として、59品目、劇物は156品目を一品目につき一ページを使用して見やすく収録〕、3．基礎化学概説、4．例題と解説〔法律・基礎化学解説〕をわかりやすく解説して収録。

毒物及び劇物取締法試験問題集 全国版

編集 毒物劇物安全性研究会 定価三、三〇〇円（税込）

本書は、昭和三十九年六月に発行して以来、毎年行われる毒物劇物取扱者試験問題について、道府県別に解答・解説を収録して発行。

毒物劇物取締法事項別例規集 第十三版

監修 毒物劇物関係法令研究会 定価七、一五〇円（税込）

法律を項目別に分類し、例規（疑義照会）を逐条別に収録。毒劇物の各品目について一覧表形式（化学名、市販名、構造式、性状、用途、毒性）等を収録。さらに巻末には、通知の年別索引・毒劇物の品目についても項目別索引・五十音索引を収録。